Contenido

Juguemos a los dados con el universo

Un error no se convierte en verdad por el hecho de que todo el mundo crea en él."

Mahatma Gandhi

Nota de prensa publicada en Facebook por Sharon Riley- abril de 2015

Ultima hora recibido de Shannon Hall, Redactora / 08 de abril 2015 09:30 am ETA- Yusef-Zadeh dijo a Space.com.

Ver Página- 29 y 133 al final del libro

Las estrellas se pueden estar formando en la sombra del Monstruo de la Vía Láctea o Agujero Negro

Las estrellas nacen en nubes de polvo y gas. La turbulencia dentro de estas nubes da lugar a mundos que comienzan a colapsar bajo su propio peso. Los mundos crecen más calientes y más densos, convirtiéndose rápidamente en Proto estrellas, que se llaman así debido a que aún no han comenzado la fusión de hidrógeno en helio. Pero una Proto estrella rara vez se puede ver. Todavía tiene que generar energía a través de la fusión nuclear, y ninguna luz tenue que así se produce es a menudo bloqueada por el disco de gas y polvo que los rodea.

Stephen Hawkins y Albert Einstein Observaciones

Un ser dotado podía entender:

Stephen Hawking y Albert Einstein controversias y opiniones:

"Dios no juega o juega a los dados con el universo"

"Es el hombre es quien juega con sus reacciones a las leyes cósmicas que le dan vida y la oportunidad de estar en armonía con la creación. Contrariamente a la imaginación, da la oportunidad de elegir ser o no ser y estar en armonía con ellas, es nuestro libre escoger"

 Gaspar Edwin Paga Impreso en Estados Unidos de América Create Space ISBN-13: 978-1511638647 (Create Space-Assigned) ISBN-10: 1511638648

Gaspar Pagan ISBN-13: 978-0692318102 (Gaspar (Edwin) Pagan Chevere) El Origen de la vida

Gasparpagan1945@gmail.com Facebook

July3871@gmail.com Personal

BISAC: Science / Life Sciences / Evolution

Introducción

La vida se originó en el agua salada

Cualquier ser iniciado en los misterios tiene el poder de descorrer el velo de la creación oculto en la conciencia de dios, su eterna y oculta sabiduría se proyecta a la imaginación de los seres creados. Los detalles saltaran a la vista de la intuición, de esa mente universal, el archivo cósmico de las existencias humanas en relación al plano de madurez interna, el continuo fluir de su esencia hacia el ser. La mente y el alma humana es un canal de recepción entre la creación y lo creado es el espejo consciente de la mente universal, lo mismo en la tierra como en el resto del universo. Los legados espirituales de muchos seres encarnados, le han traído a la humanidad en diferentes épocas, los mensajes sublimes para despertar la conciencia de los demás hermanos de la creación. La mente común está sujeta a convicciones creadas por el libre escoger, somos una esponja de todo lo que se proyecta y toca nuestra percepción, el ser discierne y acepta lo que su mente razona de acuerdo a su madurez. Por etapas utiliza ese conocimiento como un punto o foco de orientación, la verdad de la creación es un complejo mundo exterior e interior para el ser, sus etapas de proyección causaran una impresión temporera de la realidad. Las leyes universales son una espiral en expansión, sus verdades son creaciones cósmicas que la mente no puede abarcar por completo, el progreso de datos se agregara a la realidad de cada ser por repetición. El adelanto de la realidad funcional depende de la revelación de verdades eternas, en la consciencia del ser está grabada esa herencia. A cada escala se nos revela un mundo diferente, una impresión variable para cada conciencia individual y se convierte en colectiva mediante la comunicación. Los datos difundidos la mayor parte del tiempo recaen sobre intereses creados que no están dispuestos a dejar que la verdad fluya libremente. Este es al dique al que la sociedad debe enfrentarse para discernir la verdad de lo que se proyecta y la realidad original de cada cosa creada. Una vez se conozcan los principios que dan origen a todo desde sus fuentes primarias, cada ser puede jugar con la imaginación y con el universo ampliar su horizonte a una convicción más realista.

Las calves para conocer la vida

Conocimiento llamado Gnóstico; Gnosticismo la esencia de todo lo creado representado en símbolos como una clave que revela todos los procesos creativos, desde un comienzo común a todo con leyes propias de donde deriva la esencia del todo cósmico. El que llegara a conocer las calves tendría acceso a la sabiduría universal. La intuición de auto conocer internamente e intuitivamente, la sabiduría de la naturaleza de las cosas emanando de una fuente de energía o trascendental, el Todo.

Una semblanza conocida y ocultada en símbolos para mantener la pureza de esa sabiduría alejada de la perversión de su naturaleza esencial. Quien logre profundizar en ese principio habrá logrado la iniciación a los arcanos de la sabiduría antigua. Esto suena a laberintos para el buscador, es como cuando se entra en las escuelas de enseñanza buscando orientación interior hacia la verdad, si esta ha sido oscurecida por declaraciones históricas donde ha sido alterado su contenido jamás se encontrará el camino. En la actualidad con tanto adelanto existen los medios para accesar esa sabiduría y es alcanzable.

Los símbolos en las cámaras funerarias Egipcias en la época del faraón Thoth tienen ese conocimiento en los grabados y representaciones en piedra. Los principios de la conjugación de la energía solar y la vida en el planeta tierra. Si el sol dejara de existir, la vida como se conoce no sería posible, si conocemos al sol y sus poderes cósmicos en relación a las influencias de los fenómenos que emergen del universo tendríamos revelado en parte del secreto de la vida.

La sustancia primaria beneficia a todos, nadie la posee. Si alguien la poseyera sería ella misma y no podría existir en el mismo plano, pues, se destruiría a sí misma por ser los opuestos en una cuarta dimensión. Si llegara a ser poseída, el ego del que la poseyera no la compartiría con nadie, fabricaría sus propios castillos y la alejaría de los demás mortales, como mujer hermosa. El solo sentir que es su amo lo haría su esclavo, esa es la ruta para ocultarla. La sabiduría divina es dada por amor a su creación, todo la posee y la disfruta de acuerdo al darse cuenta y la madurez interior, el ser debe ser armonioso con ella y realizarla.

La naturaleza es un mundo de atracciones que nunca se satisface, todo lo que emana y llegue a su alcance lo utilizará para producir algo diferente, su pasión es la creación. Organiza todo lo que existe, lo convierte en leyes de funcionamiento, si se desparrama, vuelve a organizarlo, crea nuevas formas de las viejas, usa esos mismos átomos, electrones, neutrones, fotones y toda partícula cósmica que se cruce en su camino para producir, crear; armonizar todo el universo, su ley es el amor por la creación porque esa es su misma esencia. Le atrae la belleza de las formas, la sutileza de lo que impresiona nuestros sentidos y los sentidos de todo lo creado, los perfumes, la gradación de colores que impactan nuestra admiración. Si nos imaginamos una forma nueva, se empeña en que sea creada; su pasión es complacer e impresionar la perfección del ser humano el único que se da cuenta y la realiza en un grado limitado. Una simple analogía proclamaba Jesús si lo imaginas y lo deseas esta hecho, así es la mente universal de la creación; porque sabía esa ley divina, fue un iniciado en los misterios y los anunciaba a sus seguidores como Mesías Judeo Israelita, nacido en Judea, Galilea, de ahí el nombre de Judios. (La información completa está Narrada en el Libro Gamala)

Los procesos de creación

Que partícula o combinación de partículas se reflejó una contra la otra, como un espejo de refracción de luz, dotar la oscuridad de la luz patente que se invierte en la velocidad de reacción, un movimiento de espejo encerrado en un túnel circular, donde la partículas chocan con las paredes y rebotan en línea recta hasta la otra pared, al repetir el mismo movimiento recto crea una emanación triangular y queda encerrada en un embudo circular donde se genera la primera vibración de materia como algo tenue. El surgir de una luz blanca como lamina o pared de energía, arqueada en su mismo habitáculo, la vibración originada por el espectro formado, una emanación de embudo o campana en sus paredes. Una reacción donde empezó la refracción de colores que la caracteriza un fenómeno cósmico que consiste en la compresión brusca o la reacción de la energía buscando una salida o escape a la compresión y los choques de las paredes en forma de embudo que la comprime. Siendo la presión exterior mayor que la interior, se crea una constante de compresión, esto hace que viaje por esa forma de mayor a menor y sea expulsado por el lado contrario; al enfriarse dará vida a nuevas formas estelares. Es la misma reacción de todos los cuerpos en el universo conocido. Todo tiene un vórtice activo o pasivo, todas las galaxias y cuerpos cósmicos giran en torno a un centro o estado de vacío creado, donde las fuerzas se anulan por oposición, donde se establece la paz entre los contrarios, la estabilidad por la distancia de inercia en la repulsión de los contrarios.

La fuente que ha dado la acogida a todas las fuerzas cósmicas para que el milagro de la vida sea posible en el plano terrenal, emano primero de la energía en expansión de la gran inteligencia creadora, este fenómeno se manifestó en el planeta tierra y por las mismas leyes físicas puede ser creada en cualquier cuerpo o planeta que reúna las mismas cualidades, de acuerdo a el descubrimiento de la NASA, narrado en la página 104 (Descubrimiento de la NASA -Una extraña bacteria puede sobrevivir sin uno de los bloques básicos fundamentales de la biología).

Pero fue necesario que la fuente que acogiera en su seno esa energía estuviera presente y en formación para arrullar la pura mente creadora del ser y su nodriza "Nuestra Madre Tierra". El complemento de las energías de creación, su manifestación perfecta, es la combinación de la mente cósmica en la materia. Un reconocimiento a los que han alcanzado el umbral de la iluminación, llevando un mensaje de comprensión a la conciencia humana sobre su origen, a los que se les oculta la verdad.

La nodriza de todo lo que se ha manifestado en los reinos terrenales.

Nuestra Madre Tierra – La Pacha Mama

"Yo soy la que he parido todas las naciones de la Tierra y de los Cielos, en mí se han recreado todos los seres de este mundo, yo contengo la historia de la humanidad. A través de mi sistema se han desatado las más sublimes emociones, he visto la historia de los seres y los conozco a todos, mi edad es la más antigua de la creación y de la Tierra. Dios es mi canal para expresarme, es la fuente donde todo emana yo solo soy la fuente de su creación, es una ley eterna de los complementos de sus leyes."

"Me he mojado con el agua de todos los cuerpos y océanos, todos los seres se han recreado en mí y me desconocen, estoy en el centro de tu ser; no soy tu corazón, solo tu cabeza. Desde que abandonan la matriz se adueña de su mundo y solo retornan para dormir un sueño temporero. Después mudan su envoltura y retornan a la vida. Los he tenido que parir miles de veces y regresan al mundo borrachos de grandeza y salen de él como humildes corderitos."

"Me halago con aquellos que evocan sutileza y afinan su intelecto, no se someten a las pasiones; los destierro de mi ser y los alejo para que esa semilla vuelva a germinar."

"Cada generación de almas es una nueva cosecha, un mudar de cáscara para que se vea la semilla desde sus adentros. Se desnuda el grano para que se conozca su interior y el fruto."

"Nos emocionan más las fantasías porque son realidades que no se han parido todavía, queremos saber del fruto de sus emociones que no se han manifestado. A nuestro ser interno le gusta recrear causas diferentes si fuera posible diariamente crearía nociones nuevas para la existencia."

"Me afano en los milenios de existencia por la imaginación del ser que me acompaña, me pasea en su interior por todo el universo. No dejaré que mi sutil delicadeza se mezcle con este sustento material. Tengo todo el universo para recrear mi esencia y a este tesoro los invito, pobres de ustedes que palpan de lejos el aroma y dejan de lado su camino."

"Retornan a mí y los arrullo en mi regazo, renuevo sus fuerzas y abrazo sus vidas pasajeras, ilumino su camino y muchos terminan en los callejones oscuros y sin fuerza."

"Soy yo quien los reclama para que suban conmigo al aposento y abandonen su alma en mi regazo; los haré retornar llenos de gozo y conocerán al padre y su presencia."

"Yo soy la madre que despierta; me hallarás en todos los lugares y en todos los confines de la Tierra yo habitaré en el cielo con el padre y crearemos todas las criaturas nuevas de la Tierra." Gaspar Pagan

Entrar en el laberinto mental de los grandes eruditos a través de la gnosis por edades y siglos de acumulación de datos, despierta en la mente moderna una búsqueda por sacar a la luz un manantial que quedó sepultado por los movimientos que protegieron el conocimiento de la persecución religiosa y los estados feudales. El concepto de Dios, la creación, los mitos antiguos sobre la naturaleza divina y la relación del hombre respecto a su visión de lo que es una fuerza superior que domina todo el universo. Una lucha de siglos entre el poder y la razón, creadora de las divisiones entre los seres humanos y la visión infundida o mitificada en sus conciencias del origen. La puja por el dominio de la verdad declarada para la dominación, el legado de las luchas entre los mismos Judios dejo este destemplado origen de las religiones actuales. La educación de una civilización fragmentada por fronteras geográficas e ideas culturales enmarcada por los límites territoriales particulares. Las debacles históricas de fenómenos naturales que han dividido las civilizaciones y los conceptos aceptados, madurados por cada una en sus tradiciones, llegando a ser una amalgama de versiones separadas en cada historia independiente. La forma de enfrentar los fenómenos naturales en cada mente, las infinitas versiones de la imaginación del hombre y su interpretación de lo que ha observado desde su aparición en la tierra. Culturas con herencias tan variadas, cada una es un mundo diferente de conceptos madurados y aceptados de acuerdo a su realidad. La percepción que constituye una historia única alejada de las demás. El dominio del ser humano donde impone sus verdades y su cultura ha trascendido continentes, con la colonización, ese es el legado al que nos enfrentamos.

Los misterios encerrados en las enseñanzas de una cultura antigua en contraposición de los dogmas o manifestós en boga, la expresión de los poderes temporales, ahogaron una de las más ricas oportunidades del ser para establecer un verdadero sendero de adelanto espiritual. En parte sepultado por el poder de los imperios y la dominación, dieron al traste con la verdad que de nuevo fue sepultada por otro periodo de tiempo.

Como el ser o el sabio o científico, da una detallada explicación donde las leyes divinas o físicas, parieron las formas de la creación y el mundo en todas sus expresiones incluyendo el fenómeno de la vida. Abarcar los componentes desde sus principios, las leyes que operan en cada cosa, las sustancias, elementos, compuestos que dan la base a la vida, componen la energía física de expresión, dan una luz a la energía espiritual, del alma en el ser. Lo seres pensantes acarrean a todas partes su estructura física, junto con sus procesos internos y externos como autómatas. Apenas realizan, como dentro de esa estructura opera con ellos a todas horas del dia una amalgama de funciones fuera de su control, las que podemos controlar son mínimas. Podemos influir en algunas y tomar control temporal de ellas, fuera de eso si perdemos la noción de sus funciones, continúan operando sin nuestra consciencia de ellas. Un sistema automático tiene el control de esas facultades, la realidad de donde está localizada esa consciencia o logos de sus funciones no está determinado por completo por la ciencia. Una mente cósmica de donde emanan la miríada de combinaciones de elementos y la energía que los hace funcionar en secuencias determinadas fuera de nuestro control.

La eterna búsqueda de la alquimia mística en la antigüedad y la edad media, famosos nombres de la ciencia y la filosofía han llenado enciclopedias sobre tratados místicos alquímicos de donde se desprende la ciencia y la química moderna. La química solo ha abordado un brazo de la composición de la materia, con la medicina la parte física y sus propiedades, una tabla periódica para clasificar los elementos que conforma todo lo descubierto y catalogado por el hombre bajo sus limitaciones. Otro es el lado que queda oculto al control de la mente humana en la frontera de lo espiritual, metafísico, el alma en los seres, su relación sentimental, sus emociones, sus laberintos de funciones que no describe la ciencia; queda en las manos de las ciencias religiosas. La parte psíquica de las funciones espiritales relegada a otra dimensión intocable para estos; la ignorancia, avaricia, temeridad, maldad, envidia, cólera, odio, el amor, celos, y un sinfín de emociones que sepultan la voluntad humana, son tratados como la degradación del hombre, (quien le creo la conciencia del pecado). Todos estos estados de las emociones deben ser superados de acuerdo a los sofistas para que él ser madure su condición espiritual y su consciencia del alma. Estas condiciones internas son leyes universales que aplican a todo reino creado, siendo el ser humano superior en sus dotes espirituales y su alma, la noción de lo más sublime de la creación. Esto no divorcia a los demás reinos de su legado de la creación para poseer estas condiciones en una tasa de expresión diferente. Los demás reinos participan de las emanaciones cósmicas y obedecen a leyes eternas de la creación, al hablar de cósmicas es la amalgama de energías sutiles que viajan desde todas las esferas de energía del universo y son el complemento en nuestro entorno terrestre, nos dan una realidad por etapas de existencia.

Leyes físicas y la cuántica en la creación

La astrofísica abunda en las leyes de física Cuántica, da a conocer la creación de todo material por las emanaciones del cosmos como emanaciones del creador, donde se conjugan unas y otras, aunque no se dé por sentado que esa es su relación directa, en esta obra presento los resultados de esa búsqueda. La ciencia y la teología siguen caminos que no llegan a la misma encrucijada, existe un estado de conciencia de lo imaginario, lo espiritual, lo sublime, los atributos de lo insondable, la imaginería de lo que no está tangible, el mundo de las ideas. La física da una idea de la realidad que se proyecta en estados de la materia, nos guia más cerca de la verdad por su composición y propiedades que emanan de ella. Nos dota de una certeza más fiable al proyectar ideas de estados imaginarios de las cualidades del espíritu y el alma. Se define con claridad las potencias creadoras de las energías cósmicas, y nos acercan más a las cualidades del creador o la gran mente que genera todo lo que existe. El fomentar declaraciones que pueden arrojar dudas de lo que se documenta, levanta una suspicacia e influye en la actual situación mundial. Contribuye a la confusión y divisiones de la raza humana, las guerras por idealismos sobre temas que deben ser comunes a todos. Crear un solo estado de consciencia de la humanidad, estudiado bajo una definición que abarque y demuestre con hechos su madurez aplicable a las culturas universalmente. A estas alturas se ha logrado universalizar todo con los medios de comunicación y esta faceta de la conciencia humana debe ser estudiada y presentada como una opción.

El rechazo de verdades universales y leyes eternas, la interpretación razonada en una oscuridad mental de la realidad, buscando ofuscar la mente por la creencia de lo que se estipula como la verdad basada en una interpretación acomodada a una declaración que por siglos ha sido creada. La ideología no es otra cosa que basar una verdad en un ídolo o concepto creado para decretar códigos de fe o creencia.

Este concepto es atacado por los que valoran la verdad de la sustancia del creador, se alejan de la dogmática, que a la alarga tendrá que ser demostrada para ser un verdadero valor universal al ser común, a todas las ideologías y verdades declaradas. El representar la divinidad del creador con formas físicas y dotarlas de poderes sobrenaturales es faltarle a la verdad de la naturaleza del creador y lo convierte en un ídolo. Este modo de representación ha sido desmentido por siglos y por todos los movimientos que reconocen un solo Dios. Lo próximo es los adelantos de la ciencia que tanto ha sido atacada por sus principios de demostración, un sendero que ha conducido a que la verdad sea demostrada a la saciedad en las fuentes de sus pruebas como en un principio, comulgan con las mismas leyes del creador, único concepto universal de Dios. Lo contrario es crear burbujas mentales imaginarias sin concordancia a la esencia de las emociones naturales en el ser que desvirtúan la realidad existencial. Ese túnel imaginario lleva a la consciencia humana al laberinto en que ahora se encuentra porque es la forma en que se ha educado a la civilización que ha arribado a este siglo.

Las hondas de creación

Las longitudes de onda se mueven hacia el color rojo en un mundo en expansión. Las fuentes luminosas se alejan, si se acercan se mueven hacia el azul. Mientras más se alejan las galaxias más aumenta su velocidad, aumenta su color al rojo, basado en la espectroscopia. Nos da una imagen mental de cómo se comportan las energías a velocidades extraordinarias en el espacio cósmico. Si expandimos nuestra consciencia esas son creaciones directas de donde todo surgió, el Logos que lo posee todo, el creador, la energía Cuantica.

La espectroscopia, conjunto de métodos empleados para estudiar en un espectro las radiaciones de los cuerpos incandescentes. Cuando el vapor de agua choca con las vibraciones de luz que se proyectan hasta nosotros, detectamos los siete colores básicos que se hacen patentes en un arcoíris, siendo una emanación del logos, ahí está su sutil presencia como un reflejo de las leyes originales que irritan nuestra percepción.

Teoría Cuántica

La física cuántica u ondulatoria que conforma el origen de la materia cósmica y física en las galaxias, el universo, está basada en las características de los electrones. Los electrones definen la composición de la materia y le dan la presencia en los diferentes estados y planos de manifestación, donde no es posible para los métodos actuales detectar con precisión su posición o la energía que la compone, esto en la visión de algunos observadores. Existe una experimentación incluida adelante donde adelantaron ese dilema de la investigación, denominada Espectroscopia, mucho antes que la física Cuantica de donde esta se deriva.

Las partículas intercambian energía en múltiplos enteros de una cantidad mínima posible, denominado quantum de energía. En la física, la cuántica (plural: los cuantos) es la cantidad mínima de cualquier entidad física que participan en una interacción. Detrás de este, se encuentra la idea fundamental de que una propiedad física puede ser "cuantificada", en lo sucesivo "la hipótesis de la cuantificación”.

Esto significa que la magnitud, puede tomar ciertos valores discretos. Un fotón es una sola cuántica de la luz, y se conoce como un "cuanto de luz". La energía de un electrón unido a un átomo está cuantiada, lo que resulta en la estabilidad de los átomos, y por lo tanto de la materia en general para mantener su equilibrio. Como incorporado a la teoría de la mecánica cuántica, esto es considerado por los físicos como parte del marco fundamental para comprender y describir la naturaleza en las más pequeñas longitudes o escalas que dan realidad a lo que se percibe. La posición de las partículas viene definida por una función que describe la probabilidad de que dicha partícula se halle en tal posición en ese instante, según la Física Clásica, la energía radiada por un cuerpo negro, objeto que absorbe toda la energía que incide sobre él, era infinita, lo que era un desastre. Esto lo resolvió Max Planck mediante la cuantización de la energía, es decir, "el cuerpo negro tomaba valores discretos de energía cuyos paquetes mínimos denominó quantum." Este cálculo era, además, consistente con la ley de Wien (que es un resultado de la termodinámica, y por ello independiente de los detalles del modelo empleado). Según esta última ley, todo cuerpo negro irradia una longitud de onda (energía) que depende de su temperatura. Más adelante se da a conocer detalles de la espectroscopia.

La formación peremne de los fenómenos cósmicos, fue un brotar de repente, fue una reacción en expansión donde las cualidades de energía se mezclaron, impulsando una honda de resonancia. Una luz blanca se proyectó en un instante de refracción por el movimiento de ondulación en espiral, quedando ella misma frente a frente y sus ondas vibraron al chocar en una cristalización y ser expulsadas de su espectro creando un movimiento, un sonido que concentro partículas que empezaron a vibrar creando refracciones de resonancia como ondas en el agua. La causa nadie la ha podido determinar hasta ahora, la sospecha puede ser el surgir de los neutrinos o una fuerza parecida al crear un vacío en movimiento a gran velocidad. Se utiliza la aceleración de partículas para recrear la misma acción primaria.

No soy científico, en mi mente solo cabe la noción de que lo que surgió en un principio no fue una reacción violenta, la diferencia es que nuestra consciencia de la materia la juzgamos desde nuestro entorno gravitacional, en una atmosfera libre las leyes no funcionan igual y para que los experimentos sean correctos deberían llevarse a cabo en la atmosfera libre, creo que la diferencia de reacción de la materia seria el curso correcto a evaluar.

El experimentar la aceleración en nuestra atmosfera, sería un riesgo enorme si se saliera de control esa fracción atómica quedando libre en la atmosfera terrestre, pondría en riesgo las leyes de física que nos dan existencia. Al establecer una relación fija entre emisión y absorción de la radiación, Kirchhoff abrió, como acabamos de ver, el camino al surgimiento de la espectroscopia. Los cuerpos negros que absorben por completo rayos de todas las longitudes de onda los emiten también de todas, estando, pues, dotados del máximo poder emisivo.

Este depende solo de la temperatura. ¿Cuál es la ley de esta dependencia? La ley que vincula la radiación total del cuerpo negro con la temperatura que hace que se expanda en el espacio cósmico. La sutileza mental o la energía del pensamiento tiene esa misma cualidad vibratoria y afecta la materia de la misma forma que las ondas vibratorias nos dan la realidad existencial. De ellas derivamos las emociones, la separación de la noción de realidades por asignarle valores a lo que se percibe, nuestro cerebro y sistema neuronal es una secuencia de esas escalas vibratorias y reaccionamos a ellas incluso las escalas musicales tienen esas cualidades.

Las vibraciones de lo que llamamos alma están a una elevación cósmica en frecuencia distante de lo material; de la luz, de la cualidad del pensamiento, del color de la luz y sus variaciones, del calor generado por la vibración de la materia en los cuerpos.

(EL agua es el elemento más común en nuestro nivel de existencia y es la que vibra por la reacción a la materia creada y se manifiesta en cambios hacia la expansión de las ondas sonoras donde sus electrones se organizan y desorganizan buscando mantener un equilibrio de la materia. Es el agua que contiene los elementos primarios donde todo se puede crear y organizar, pues sus perturbaciones la hacen voluble a las energías de creación.) La formación del agua es el vapor creado por la acción fluida de los elementos. El carbono es otro elemento primario que emergió desde un principio. El calor de la materia es el mismo que en la parte del cósmico, lo que da el origen a los volcanes y el calor de los cuerpos, la creación de los metales etc. a nuestro nivel físico.

"Las hondas se repelieron produciendo un arcoíris de colores al surgir un choque de sus vibraciones primarias, surgió el calor de la luz en expansión en la formación de los primeros roces y ondulaciones en movimiento se hicieron más potentes e intensos sus colores. Cada color es a su volumen y su velocidad de alejamiento de su centro original. En ese alejamiento de ese centro queda atrás la oscuridad de la materia que se desplazó impulsada o rechazada por las ondas expansivas, o el choque de los primeros elementos en formación. Al choque de los colores originales empezó el interactuar de las primeras ondulaciones de luz, o fotones, que originaron la refracción. Esa amalgama de elementos primarios siguió impresionando al chocar sus compuestos electrónicos dando base a los compuestos, primero fluidos y luego la solidez imaginaria de la materia en su organización. Las pruebas físicas apuntan a los espacios en la materia son más grandes que la conformación de esta al ser necesarios en su organización lógica.

Estos cuerpos originales se repelen por la fuerza de repulsión de los núcleos que se forman en las reacciones de choque unas con otras o fuerzas contrarias. En esos choques surgen divisiones donde quedan libres electrones en el espacio inmediato y se organizan en nuevos cuerpos de atracción. Los vacíos que crean las capas de los cuerpos creados surten un espacio de penetración de partículas buscando su estabilidad. El movimiento y el reposo de estas partículas dan origen a nuevos compuestos"

Esta forma de relatar lo principios a mi mejor entender están basados en una forma amplia de dar a conocer detalles que sean de fácil comprensión a las masas, las que participa calladamente de la rutina diaria enfrentando el contenido de la información que no llega a todos por igual, la complejidad los deja fuera a veces de sus verdades. Imaginar un mundo cósmico que se le presenta como un cielo; el cielo es un concepto imaginario es algo más que eso, una realidad fuera de la experiencia física en la tierra donde abundan fenómenos incomprensibles para la mayoría de los seres. Las invenciones imaginarias ponen en contexto un mundo que solo existe en las ideas proyectadas de la experiencia de los primeros pobladores del planeta. La mente debe tener una idea universal de esa realidad, se debe correr el velo de lo real para vivir la verdad de la materia, no una imaginaria fantasía del universo. De esa forma la lo existencial formara parte de la mente universal al atraer a su entorno un conocimiento donde se pueda transmitir un mundo real de la existencia. El crear un mundo interior donde la consciencia sea parte de la realidad cósmica de donde todo procede, pues el ser es la mente activa del universo y sus leyes. Somos un sonar de las emanaciones de él y su creador.

El universo es mente activa

La organización donde surge la expansión, dando lugar a un nuevo espacio de la energía original, cada reacción da vida a una nueva agrupación de materia enrarecida por su conformación. Entra en atracción de los cuerpos libres, esto da lugar a nuevas formas en desorganización, que da a lo surgido una base de expansión perenne organizándose en algo lógico y frecuente respondiendo a la mente materia luz original. De las capas interiores de las moléculas penetradas por electrones y otras partículas surgen las explosiones de sus núcleos creando un espectro de diferentes colores y transformándose en las propiedades físicas de los elementos. Cada desorganización de los núcleos de los elementos crea radiaciones de onda que denuncian características diferentes. La dinámica de la electronegatividad como un fondo de materia creada, da la fuerza para seguir creando de sus anteriores formas a cosas más complejas.

"Cada partícula es recreada con una inteligencia grabada en su contenido, le da las cualidades de separación de las otras por características adquiridas y guarda una réplica o copia negativa o positiva de

todas las creadas, originalmente de todas las combinaciones que surjan de su interactuar con las energías originales y las partículas que surgieron en su organización y futuro papel en la composición de la materia.

En ese núcleo central está contenido todo, de la misma forma que los astros, galaxias, planetas, estrellas, cada cuerpo físico originado por las fuerzas cósmicas tienen un centro de control. La matriz, la luz mente divina, siendo ella en pureza se degrado al punto de generar divisiones donde establece un centro de acción hacia un puente o cuanto en la relación espectro cósmico. La vibración original en su pureza se mantiene en una división superior, estableciendo a través de un manto o halo de acercamiento hacia la próxima escala de manifestación.

Cada cuerpo en la naturaleza mantiene una correspondencia o núcleo donde una fuerza contraria está grabada con sus características y la debida acumulación de información. "*Si esa memoria cósmica se borrara el mundo físico dejaría de existir o su composición giraría en otro espectro de manifestación. Desde las reacciones en nuestro planeta tierra hasta el último confín del universo está controlada por esa correspondencia*"

En el cuerpo humano se manifiestan las mismas leyes, cada célula guarda una grabación de sus características particulares, de la misma forma que los demás cuerpos estelares. En caso de daño o enfermedad, las células son las que generan una señal al celebro, dando las instrucciones precisas de la inarmonía y las energías o células necesarias para que surja la reparación precisa con el material preciso. De esta manera el sistema nervioso hace el trabajo de transmitir al cerebro toda esta información necesaria y la reparación se lleva a cabo con precisión y las células de la misma composición y edad de las anteriores son enviadas al área dañada y se hace la renovacion de los tejidos.

Las ondas magnéticas corresponden a los espectros de luz de las radiaciones de los elementos que se combinan para formar su masa. Si son sencillos su color es uno primario si son compuestos su color es un espectro de la combinación de sus elementos. De estas concentraciones surgen los cuerpos básicos donde la energía primaria se aleja de su centro en un torbellino buscando la estabilidad. Por no tener compatibilidad en sus compuestos básicos se aleja de sus opuestos entrando en una existencia alejada de sus originales correspondencias de energía contraria. Esto indica que en diversos estados de creación el núcleo original se ha expandido o desplazado a otras posiciones complementando el original. La miríada de elementos existentes en el universo y sus características tan variadas hacen que la constante expansión forme materia a distancias correspondientes a sus núcleos en repulsión hasta donde cesa esa lucha y se establece la armonía, la primera ley de la creación. En nuestro caso la tierra está en el sistema de la vía láctea, el núcleo central de rotación de esta debe corresponder a la fuerza contraria de los diferentes núcleos positivos o negativos de su expresión como ente cósmico físico. Ese manto de luz que flota en el espacio como un radar donde reparte propiedades o atrae de sus núcleos ya formados, el balance que le da existencia.

El agujero negro

Gaspar Pagan

Gasparpagan1945@gmail.com Facebook

July3871@gmail.com Personal

Que partícula o combinación de partículas se reflejó una contra la otra, como un espejo de refracción de luz, y dotara la oscuridad de la luz patente que se invierte en la velocidad de reacción, un movimiento circular de espejo donde la partículas chocan con las paredes y rebotan en línea recta hasta la otra pared, al repetir el mismo movimiento recto, crea una emanación triangular y queda encerrada en un embudo circular donde se genera la primera materia como algo tenue. El surgir de una luz blanca como lamina o pared de energía, arqueada en sus mismo habitáculo, se crea una ondulación de resonancia en su centro, formando una emanación de embudo o campana y sus paredes se proyectaron una frente a la otra, por una reacción donde empezó la refracción de colores que la caracteriza la electronegatividad un fenómeno cósmico que consiste en la compresión brusca o la reacción de la energía buscando una salida a la compresión de las paredes en forma de embudo que la comprime siendo la presión exterior mayor que la interior, se crea una constante de compresión. Que hace que lo que se genere viaje por esa forma de mayor a menor y sea expulsado por el lado contrario. Es la misma reacción de todos los cuerpos en el universo conocido. Todo tiene un vórtice activo o pasivo.

La fuerza tan potente en atracción de lo que se cataloga de agujero negro, todo lo que se acerque a su estructura es succionada. De la misma forma que succiona esa energía dentro de su estructura llegara un momento donde su capacidad de compresión la hace expulsar masa de su interior por el lado contrario como reacción a la compresión en forma de embudo, en alguna etapa de sus funciones, la masa oscura o fuerza negativa se verá tan congestionada de el mismo componente que dejara escapar la energía para liberarse de esa masa.

Mención idea científica Marzo 13, 2015 Última publicación de el libro "El origen de la vida- Gaspar Pagan Create Space y Amazon- Nuevo título "Juguemos a los dados con el universo" En proceso desde Abril 06-2015, idea original mencionada en Libro "Put me Down from the cross- 17 Agosto 2013- De esa emisión repulsiva de embudo, para equilibrar la energía en expansión y los cuerpos que colapsen, dando origen a una nueva formación cósmica al alejarse

<u>por la parte contraria y enfriarse, creando cuerpos o estrellas que se mantendrán bajo su influencia para mantener el equilibrio de los núcleos centrales por su temperatura</u>.

La prueba

Abril 8 2015 09:30 Am Publicado Por Sharon Raily en Facebook. Corroboración de mi idea o teoría.

Las estrellas se pueden estar formando en la sombra del Monstruo de la Vía Láctea o Agujero Negro

Por Shannon Hall, Redactora / 08 de abril 2015 09:30 am ETA pesar del ambiente hostil creado por el monstruo agujero negro que está al acecho en el centro de la Vía Láctea, las nuevas observaciones muestran que las estrellas - y, potencialmente, planetas - se forman sólo dos años-luz de distancia de la gigante colosal. Estrellas brillantes y masivas fueron vistos dando vueltas el gigante de 4 millones de masas solares, hace más de una década, lo que desató un debate dentro de la comunidad astronómica. ¿Se migran hacia el interior después que formaron? ¿O es que de alguna manera se las arreglan para formar en sus posiciones originales? La mayoría de los astrónomos habían dicho la última idea parecía descabellada, dado que el agujero negro causa estragos en su entorno, a menudo se extiende cualquier gas cercano en chicloso como serpentinas antes de que tenga la oportunidad de

colapsar en estrellas. Pero los nuevos datos del estudio observaciones de estrellas de baja masa formando al alcance del centro galáctico. Los resultados apoyan el argumento de que "adultos" estrellas observadas en esta región formada cerca del agujero negro. [Imágenes: Vía Formas Monstruo o Agujero Negro Tritura Nube Espacio] La nueva evidencia de la formación permanente de estrellas cerca del agujero negro es "un clavo en el ataúd" de la teoría de que las estrellas se forman in situ, dijo el autor principal Farhad Yusef-Zadeh, de Universidad Northwestern. Las observaciones, si precisa, hacen improbable que las estrellas emigraron de otros lugares, dijeron los investigadores.

Nacimiento cerca de un agujero negro

Las estrellas nacen en nubes de polvo y gas. Turbulencia dentro de estas nubes dan lugar a mundos que comienzan a colapsar bajo su propio peso. Los mundos crecen más calientes y más densos, convirtiéndose rápidamente en Proto-estrellas, que se llama así debido a que aún no han comenzado la fusión de hidrógeno en helio. Pero una Proto- estrella rara vez se puede ver. Todavía tiene que generar energía a través de la fusión nuclear, y ninguna luz tenue que se produce es a menudo bloqueada por el disco de gas y polvo que aún lo rodea.

Así que, cuando Yusef-Zadeh y sus colegas utilizaron el Very Large Array en Nuevo México

para escanear el cielo cerca del agujero negro supermasivo en el centro, que no manchan las proto estrellas sino más bien los discos de gas y polvo que las rodean. "Se podía ver estas hermosas estructuras con forma de cometa", Yusef-Zadeh dijo a Space.com. Luz de las estrellas intensa y los vientos estelares descubiertos previamente, estrellas de gran masa había forma de estos discos en estructuras como cometas con cabezas y colas brillantes. Estructuras similares (llamados arcos de choque se pueden ver en cualquier parte jóvenes estrellas están naciendo, incluyendo la famosa Nebulosa de Orión.

Gaspar Pagan miércoles, 08 de abril de 2015 – 8:29 PM, Carolina Puerto Rico, reaccionando a la publicación.

Queda grabado el contenido de la expansión cósmica, emanando hasta una órbita donde sus fuerzas se posicionan por la gravedad. Un claro ejemplo son las auroras boreales, en sus colores dejan ver las reacciones en diferentes estados refractarios de las hondas de energía en proyección. Es el mismo patrón reflejado en todas las formaciones estelares e interestelares, donde el patrón es a un movimiento hacia el centro creando un torbellino de fuerzas girando en un centro de concentración de la amalgama de energías que le dan forma y presencia física detectable.

La dinámica de la creación en los diferentes estados físicos obedece a estas leyes no importa a que distancia estén manifestándose. Por ejemplo en nuestro entorno terrestre la espectroscopia detecta el mismo efecto como cualquier otra manifestación cósmica en el universo. Todo lo que conforma el planeta tierra y la vida que se manifiesta en ella sigue esas mismas leyes de creación y expansión, desde una simple célula que guarda la energía primaria hasta un cuerpo en desarrollo en su estructura física astral. Con una consecuencia que palpamos en nuestra existencia física en la tierra, se da el fenómeno de la vida tal como se conoce.

La variedad de factores que abonan a esa manifestación están cubiertos en el relato de la creación de la vida en el planeta tierra, la cual es la base de este Libro...

La inteligencia gradúa nuestro desarrollo en este plano conformado de la misma forma cósmica que el universo infinito, dentro de nuestra estructura se mantiene una réplica de un estado de vacío cósmico de donde surge nuestro ser. Este vacío de cualidades es el contrario que manifiesta la atracción de los compuestos que lo balancean. La primera impresión es que si a la humanidad se le proyectado una imagen falsa de la realidad existencial, de la historia de sus legados y funciones, ha estado viajando en una nube imaginaria de creaciones fantasiosas como cuentos de hadas.

Somos los creadores de realidades con nuestra imaginación, así lo enuncia el Kybalion, la primera noción razonable de la verdad en la conciencia del hombre y un legado para la humanidad de Hermes Trimigestus, el Thoth egipcio

El Kybalion

No dejes que se extinga la llama

La filosofía hermética llamada así por atribuírsele a Hermes Trimigestus.

La tierra de Isis la escuelas de los misterios.

El Maestro de maestros Hermes (Tod) Egipcio

Limpiar la mente de las controversias de la mitología.

Deshollinar el cuerpo de los conceptos aceptados por milenios

La descendencia de la luz de la creación, al entrar en acción con la materia creada, la madurez interior buscando acercarse a la luz y viceversa, la gran lucha de los poderes que dan realidad a la existencia compartida con la divina esencia, la luz primaria.

Principio hermético- Mentalismo- La mente y la imaginación- El universo es Mente, el universo es transmutación a cosas de vibraciones en escalas de manifestación progresiva.

Vibración- La mente universal contiene todo lo que se manifiesta, poder materia y energía

Correspondencia- Como es arriba es abajo- el complemento de las energías el fluir cósmico a todas la dimensiones universales, la correspondencia con la mente que lo realiza y auto conoce. Nada descansa, nada está en reposo; movimiento y reposo

Polaridad- Todo es dual, los opuestos son idénticos, todos tienen su par de opuestos. Los extremos se encuentran. Hay dos lados para todo. Todos los extremos opuestos son complementos de la misma cosa, de la aplicación de la polaridad, se da la trinidad

Ritmo- La medida del movimiento un flujo y un reflujo, acción y reacción, avance y retroceso (capacidad de entendimiento) Neutralización al efecto para controlar las energías, reposar el péndulo. Aplomo y Firmeza. Como Usarlos e inflamar su efecto, en armonía con la causa

Causa y efecto todo sucede de acuerdo con la ley. Todo efecto tiene causa, lograr capacitar la mente para dominar las causas y los efectos.

Género- Todo tiene su género- Los sexos-generación creación todo tiene su contrario- Hembra y macho- Alto y bajo, luz y oscuridad, profundo y llano, peso y contra peso, caliente y frío, dulce y amargo.

Transmutación Mental

Alquimia Mental y física- Transmutación, cambiar transformar la condición mental. Armonizar el conocimiento con las leyes físicas, la serpiente de siete corazones del universo y su eterno retorno al plano físico. El sendero alterado de la conciencia que permite armonizar el consiente con el subconsciente y percibir las nociones que escapan a la vida y mente materia, transportarse hacia ese paraje cósmico de donde todo emana. El intuir su esencia, y hacerse parte de su realidad, lo llamamos mente, energía, manifestación divina a través de la mente finita del ser.

El concepto aceptado de una inteligencia que controla todo y guarda una nube de la información de sus creaciones y agregaciones infinitas a nuevas etapas de ese logos primario.

Sustancia, la esencia que trasciende lo que proyecta vida, los elementos que se hacen reales por la sustancia. El todo donde está todo contenido la esencia primordial, de donde todo procede, sin tener fin, y se aproximó a la materia para darle el poder creador, esencia del logos. Penetrar los misterios de lo que existe. Captar la noción total de existencia, el todo.

En este ejemplo de los antiguos buscadores de la verdad se manifiesta un ejemplo conceptual de la realidad cósmica o lo más próximo a ella, hasta que surge la prueba científica dando datos específicos.

Basado en estos datos y haciendo referencia a la información probada desplazo la mente hacia la formación de vida en nuestro planeta tierra. En adición a la visita de formas de vida pasajera que han compartido junto al ser humano, para la epoca de La Atlántida y Lemuria, dos continentes desaparecidos por ciclos Cósmicos, un legado el monte Shasta en California. Estas dos historias están documentadas en otras narraciones. La cueva de los Tayos en Ecuador a donde se desplazó la civilización sobreviviente.

Para tener una idea de cómo surgió la vida en la tierra es necesario adentrarnos en la Espectroscopia, de la mano de la física y las leyes cuánticas probadas científicamente. Parte práctica de una narración para ubicar los sentidos con las narraciones de la experiencia humana.

El espíritu se movía en las aguas

Todo lo que procede de la mente divina es una emanación de Dios. Cada estado de la materia o manifestación está compuesto por los diferentes efluvios que se manifiestan en este plano de contención. Los estados vibratorios de la energía del alma no se mantienen en nuestra atmósfera, su estado es como un manto que se mueve y es atraído por la madurez de la fuerza espiritual en la forma en que sea necesaria para una etapa de reunión de elementos que fluctúan entre las dos fuerzas o energías, una contenida abajo y la otra arriba, que al manifestarse en armonía lo de arriba es igual a lo de abajo, pues todos los elementos del infinito pueden estar contenidos en este plano por concentración. Lo demás está en potencia en la mente creadora, en la etapa de la creación se manifiesta que el espíritu se movía en las aguas. La mente del ser humano al estar en armonía con la mente universal, conscientemente puede atraer a su ser los estados sublimes de la energía creadora y armonizar su ser con la energía de la creación. Los procesos son delineados en las escuelas de iniciación al estilo de los maestros Esenios de los cuales el maestro Jesus fue formado e iniciado a los 30 años... (Según Lucas-Ver Libro Gamala)

Para empezar tenemos que visualizar un estado donde el agua está presente además de cuerpos de agua que se hayan formado como mares, lagos y ríos de agua dulce que desemboquen en el mar.

El reino está dentro y fuera de nosotros

Los estados de la materia están imbuidos de la fuerza de energía espíritu, el mismo que se movía en las aguas y de otra dimensión superior se manifiesta la fuerza creadora que al juntarse con el espíritu del hombre lo transforma en ánima viviente. Lo que está fuera de nosotros se transporta al habitáculo del ser para manifestar la creación. Desde este punto de vista el ser se creó en el agua donde estaba el espíritu manifestándose. Pero cómo surgió la condición para que el espíritu al transformarse en cosa viviente adquiera la potencia de unión con lo femenino. La única forma que es posible es por la ovogenesis que se da en los cuerpos de agua. Se describe como una formación genéticamente portadora de los cromosomas femeninos y esa condición generaría solo cromosomas femeninos, de esta forma todo lo que se manifieste en ese ámbito seria femenino. Más sabemos que en la reproducción, existen los dos sexos que deben unirse para crear un ser humano, donde los dos sexos se manifiestan uno presente y el otro latente que puede manifestarse en la próxima encarnación.

Si las fuerzas del espíritu se asocian con la parte masculina y estaba presente moviéndose en el agua, de alguna forma surgió la Ovogenesis para que fuera posible él huevo de la creación, en su principio andrógino, conteniendo las dos cualidades latentes en su interior que emanaron de la conciencia del uno dando origen al concepto del alma personalidad que lo aglutina y da realidad, la energía sutil del espíritu y la matrería conforman la vibración elevada del alma personalidad. .

La ciencia, la genética, la astrofísica y demás ramas del saber y catalogar el conocimiento de lo cósmico y atómico y sus funciones han adelantado siglos de información para lograr catalogar las espirituales y físicas de lo que procede de la materia. La magia de la mente sobre la materia y la voluntad de crear por el mismo libre escoger del ser, le da la libertad a la sabiduría divina, entrar en control de ciertas facultades directas de la imaginación, el unir un punto con otro y reflejar su esencia en todas direcciones. Crear un sub mundo nuevo que no estaba en la mente del ser pero es posible en la mente divina que no tiene limitaciones y es atraída por la energía de la conciencia. El solo hecho de darse cuenta entra en relación a la emoción de captar los atributos a los que la mente divina tiene acceso. Con este simple paso es que se revela la puerta pequeña del universo en el alma del ser que busca la uniformidad de todas las leyes. La libertad de acceso a la información nos libera del sopor de montañas que remover de la conciencia para empezar a construir el espacio interior y madurar nuestro mundo interior que sea correspondiente a cada uno. Buscar dominar nuestra existencia con un control propio, adoptando o rechazando los razonamientos afines a nuestros ideales, no a las causas creadas por las instituciones de interés.

La Teleportación de la materia

El Tálamo es un habitáculo dentro de un nicho calloso donde se desarrollan las conexiones neuronales y el universo con el subconsciente de los seres humanos. La preocupación del crecimiento actual y lo que depara el futuro es incierto. La tecnología avanza a pasos agigantados, la Teleportación de la materia es una esperanza del futuro. Imaginarse que en corto tiempo sea posible enviar las partículas de la materia a través de un sistema de proyección a otra dimensión, es una calentura de la imaginación pero es probable. Los experimentos así lo prometen.

Todo lo que se manifiesta desde la mente cósmica es procesado en ese habitáculo, el Grial de la creación, mas adelante están contenidos lo detalles de sus funciones. Si la materia viaja a través del espacio tiempo y se manifiesta a través del universo, en nuestro caso en el planeta tierra, existen las leyes físicas que demuestran que esto es posible a la inversa. Si se está enviado tripulación a Marte es porque ya hay los métodos de pronto hacer realidad estas operaciones desde la tierra y viceversa. Ningún país se arriesgaría a enviar sus ciudadanos a morir sin una convicción cierta de lo que es posible. Las pruebas las deben tener ya.

El Origen de la vida

El origen de la vida fue posible en el agua salada. La acumulación de las sales primordiales en los compuestos de un principio en el agua en contacto con los elementos de la tierra en los cuerpos de agua del planeta tierra, dieron la condición por extensión de los fenómenos que se proyectaron a este planeta desde las emanaciones del universo. La proyección de materia desde la parte cósmica llego hasta este sitio como hondas de refracción que se concentraron en la parte física. Una inteligencia superior guío los procesos de formación de los seres y los reinos que se manifiestan ante nuestra vista y que conscientemente podemos discernir sus propiedades. La forma de la creación manifestar sus laberintos de una forma definida y sus leyes son eternas y peremne en manifestación, las complejas formas se mantienen bajo las influencias y el constante fluir de sus leyes.

Condición Única

En la búsqueda encontré la información de los descubrimientos de una científica dos veces premio Novel de ciencias biológicas del agua.

Doctor Linus Pailing

La composición del cuerpo humano tiene un 67 % de agua aproximadamente.

En sus estudios la biología como la ciencia del agua, ha descubierto que cada 1 (Litro) de agua de mar está compuesta por una sopa marina que contiene; 965 cc agua, más ácidos nucleicos, ADN, aminoácidos esenciales, proteínas, grasas, vitaminas, minerales; (un total de 118 elementos de la tabla periódica completa. En adición a fitoplancton, zooplancton-krill - omega 3- huevos larvas de peces, cadenas de carbono, material articulado. Todo esto relacionado con los orígenes de la vida celular y para sorpresa mía, declara que el agua de mar es el nutriente más completo de la naturaleza. Menciona que al añadir 3 partes de agua dulce a la de mar se obtiene una solución similar al plasma humano.

Nota:

Esto demuestra que el cuerpo humano tiene los mismos elementos que el agua salada original, con una leve variación que observo de su comparación. Quiere decir que tenemos en el agua de mar una copia de nuestro cuerpo material y todos sus componentes se relacionan con nuestra estructura física original. De hecho cabe imaginar que de ese surgir en el principio y las adaptaciones actuales el cuerpo ha variado alguna de sus características por sus cambios de ambiente. Ya no somos exactamente lo que éramos en el surgir original. Algunas características han variado en composición y uso.

La variación del plasma humano usado para la prueba es el actual que se combinó con el agua dulce para recrear la variación de la emigración del ser del agua salada a la tierra donde consumimos agua dulce y sal procesada.

Las pruebas de espectroscopia demuestran que estas refracciones están presentes en la materia terrestre y que son una emanación de las energías espectrales en este caso, ejemplo las del sol. Demostrando que el espectro cósmico es el causante de las formas manifestadas en el planeta tierra y la causa primaria de la vida.

El análisis espectral reveló la analogía química entre los astros y elevó al rango de certeza la concordancia sustancial de la Tierra con las estrellas más remotas de la Vía Láctea y aun de las galaxias lejanas.

Esto añadido a las otras verdades, comprueba mis declaraciones de que el ser humano se originó en el agua salada. Los conocimientos gnósticos son la única fuente interna para armonizar nuestro ser racional con los atributos místicos y divinos que moran por herencia espiritual en nuestro interior, la maduración de nuestra alma y la conciencia personal en la forma finita de percibir los fenómenos cósmicos.

Al emigrar a la tierra enfrento a un periodo de adaptación y la interacción con nuevas emanaciones directas y la sutilidad de las vibraciones a las que tendría que adaptarse, pues los fenómenos a que se exponía eran directos. Las causas en la variación empiezan a interactuar y las necesidades a las que tendría que sobreponerse, eran diversos y de esa manera surgen las nuevas expresiones que la necesidad de sobrevivir les causo. En cuanto a la vida compartida en el agua salada, un sinnúmero de especies desarrolló un sistema complejo por la necesidad de sobrevivir. Mudaban de sexo para continuar la reproducción de más miembros de su especie, lograr que esta no desapareciera. Son los herederos los peces vaca, Athia, Bivalvos y moluscos. Y por supuesto, nuestra glándula tálamo habitaba el mismo ambiente y evolucionaba con características superiores a las otras especies, pero similares en la forma creada, lo que la dotó de ese sexto cúmulo de atributos sobre las especies: un huevo dual y trino andrógino a la vez, con la condición que desarrollo nuestra parte activa de la imaginación.

En los humanos, los sexos se manifiestan uno a la vez, el otro sexo está presente, en forma dormida. Posiblemente, en otra encarnación el otro puede dominar el escenario de la creación. No existe ninguna forma de declarar o probar que el ser humano fuera creado con características similares a los demás seres que se originaron en un principio. Existen tantos relatos en las diferentes civilizaciones antiguas, que enfocan el principio de los seres humanos como un huevo andrógino y las pruebas apuntan a esa transmutación mental.

Alquimia Mental y física- Transmutación mental, cambiar transformar la condición mental. Armonizar el conocimiento con las leyes físicas, el sendero alterado de la conciencia que permite armonizar el consiente con el subconsciente y percibir las nociones que escapan a la vida y mente material, transportarse hacia ese paraje cósmico de donde todo emana. El intuir su esencia, y hacerse parte de su realidad. Sustancia, la esencia que trasciende lo que proyecta vida, los elementos que se hacen reales por la sustancia. Los estados mentales que la perciben y la realizan, la ley del ritmo y el cambio, la excitación de la percepción.

El todo- donde está todo contenido- la esencia primordial, de donde todo procede, sin tener fin.

Penetrar los misterios de lo que existe. Captar la noción total de existencia, el todo sin excluir vida extra terrestre. Una condición que se desprende de los enunciados cabalísticos es que las fuerzas que emanaron de la creación son específicas y obedecen a causas cósmicas que hasta el momento se acomodan a la vida del ser humano como se conoce hasta el presente. Si surgieran criaturas con un modo diferente de interactuar con la materia universal tendrían que diseñar un sistema que se exprese sobre todas las leyes que se manifiestan en el universo y todos los reinos de la creación, para de esa forma armonizar el conocimiento con la realidad existencial.

Inclusive si en el infinito universo existieran otras esferas de sub mundos o de áreas donde las galaxias sean un prototipo ajeno a nuestra vida y donde se desarrolle otro tipo de sistema de manifestación, donde la existencia física no sea necesaria, que solo sea un fluir de atributos infinitos o esencia de manifestación. Me refiero al reino de la conciencia cósmica que lo abarca todo, por agregación, una dimensión donde nuestra mente no puede discernir sus leyes. L astrofísica está enfocada en dar realidad a ese desenlace de información, la física Cuantica se proyecta como el umbral de la nueva ciencia.

Efectos de la ionización del sodio y el potasio.

La acumulación de elementos es la responsable de las condiciones en la tierra. La energía que emana de la parte cósmica deriva sus funciones intrínsecas de acuerdo a la materia acumulada por milenios en el planeta tierra y precisamente la variada materia que compone la corteza terrestre es la madre de todas las criaturas que emergieron de la creación.

Al estar a una distancia única del sol y la conjugación de elementos que emanan desde las diferentes fuentes de energías hacia lo que conforma el planeta tierra se ha ido agregando desde que se aglutino por primera vez, es una condición única y nosotros la poseemos. La fosforilizacion fue la función de la primera membrana (Tálamo) de la creación que dio origen al ser humano, es uno de los objetivos principales de cualquiera que quiera copiar nuestra fuente de vida y el origen de nuestra Raza. Si alguien quisiera duplicar la vida en el espacio exterior y original procesos de creación debe seguir los ejemplos de la generación cósmica que dio origen a la vida en la tierra. Los demás fenómenos no importa su origen y forma complicada que capta nuestra imaginación son productos de esa energía creadora. Es parte del conocimiento de las grandes corporaciones a nivel mundial que comercia con la tecnología. Estamos inmersos en ella sin darnos cuenta estamos en el juago a los dados con el universo y, solo unos pocos los pueden percibir.

¿Cómo comenzó? ¿Qué principio activo que estos elementos se organizaran y empezara este tipo de reacciones? ¿Qué energía se materializó y reunió las cualidades que dieron comienzo a la primera célula? Analizo yo esto en relación al ser humano.

Establezco que la energía creadora interactúo al unísono con las diferentes formas de vida que emergió y mutó, por su propia necesidad de las leyes de creación. Fue un desparrame de alguna fuente que surgió de pronto y generó estas reacciones en una desorganización y encontrar en las propiedades ya generadas en este esté espacio tiempo y haber surgido en grados cada vez mayores. Sus cualidades debieron ser vibratorias, y por su concentración en las diferentes áreas del planeta dio lugar a que la vida que surge estuviese en un principio relacionada la una con la otra. Al empezar su interactuar con las materias variadas, dependiendo la zona donde se manifestó y reaccionó esta energía, los atributos de los materiales que se le agregaron crearon la diversidad.

Las diferentes temperaturas cooperaron con la generación de formas. Al hablar de temperaturas encontramos otro eslabón donde la propia tierra, desde sus adentros, aportó sus gases y calor para ayudar al parto de las energías que viajaban a fecundarla, el calor del sol.

En el bloque de características que a la postre surge como un ente humano se amoldaron y reaccionaron materias de diferentes características de compuestos y su variación atómica. La electronegatividad es una explicación sensata a las reacciones que suceden en la materia y, propiamente, es la clave de nuestro adelanto espiritual, de hecho esa energía sutil que nos emociona y nos capacitan para darnos cuenta de energías de divinidad y la belleza creada con la imaginación en todos los reinos es la directa comunión con la luz del cósmico de donde emanamos.

El agua salada ya estaba concentrada por los rayos solares que debieron ser más débiles y que no penetraban completamente las capas de agua densa, fuese por el congelamiento o por la túrbides. En adición, la atmósfera era más densa y dificultaba la penetración de la luz, que fue creciendo progresivamente dentro de un marco de reacciones del sistema solar. Es posible que la atracción de los átomos internos y sus espacios crearan el compuesto perfecto de material para este acercamiento, que el sodio y el potasio contenidos en el agua salada sirvieran como los elementos primarios. Desde ese momento de la creación ese fenómeno no ha cesado. ¿Qué emanación crea esta primera manifestación sobre la Tierra? ¿Qué constancia sigue interactuando para que esa atracción continúe como una ley única de la creación? ¿Qué cualidades se han agregado por milenios a los atributos originales que despertaron la vida? Los neutrinos, los fotones- ¿qué función ejercen en los espacios y espectros de la materia?

Pero no es la manifestación en sí, es la cadena de eventos que se aglomeran y atraen las otras potencias creadoras que aglutinan el resto de los elementos que se asocian y por algún orden que llamamos divino o armónico se manifiesta la primera etapa de vida de los que sería luego el ser humano. Se recrearon las mismas condiciones evolutivas en lo que luego sería la variedad de los reinos que surgieron y sus derivados, al superar los escollos de las reacciones físicas. Es lógico suponer lo que siglos después es el desarrollo sea el producto de las primeras reacciones de esas células a su entorno, en este caso la primera transmembrana, el TALAMO. Lo primero que se manifiesta como una ley primaria es la protección de esa fuente de energía que empieza a actuar, como las cosas que la rodean y con las que interactúa. Surge una capa exterior que la protege de daños que se hace densa o más liviana, dependiendo de las radiaciones que gradúa y controla para su interactuar con las tasas vibratorias que la afectan, necesarias para generar sus estructuras y funciones, o viceversa. Es la reacción a las potencias que la penetran para fomentar sus influencias en la materia. La aislación de la fuerza creadora que emano dese el principio quedo atrapada dentro de ese habitáculo que se cerró a la influencia de las fuerzas materiales, controlando las vibraciones que emanan de la parte cósmica.

El concepto de la "La cámara Nupcial"- Eva y Adán quedaron prisioneros de las influencias exteriores. El andrógino original empezó a reaccionar con su contraparte cósmica para dar comienzo a la manifestación de vida en un cuerpo con su control y ser una copia de lo que lo genero. El tálamo es la matriz de esta asociación de vibraciones cósmicas en principio, luego bajo las influencias de las mismas leyes de creación degenero de ser una trans membrana donde se manifestó la creación original en una sola célula, creando en su propio habitáculo la condición andrógina. *La función más importante fue la creación de células de proteína que le dan la capacidad de subsistir y alimentarse.* Al desvirtuar su condición y surgir su cuerpo material empezó a construir su propio cuerpo y surgen los cambios enunciados y explicados en (La cámara nupcial) El Talamo no es para los animales- esto separa al ser como un descendiente del mono, la prueba ha sido descubierta está documentada al final del texto.

La pérdida del contacto con esa energía pura y una condición única que los antiguos descubrieron, la perdida de alineación con las fuerzas del mismo planeta que los albergaría. En el centro o glándula Tálamo es donde empieza la comunicación a través de redes que emergen de su centro de terminales de comunicación nerviosa. Surgen de la necesidad que les crea el ambiente y sus componentes. Ese primer huevo de la creación aglutina células de proteínas que se empiezan a producir; adquiere de algún proceso de atracción o imán interior lo que llamamos una conciencia o inteligencia individual proyectada, o necesidad de atracción cósmica (energía o logos de la creación) hacia otros elementos que aportan electrones y complementan su desarrollo.

Son innumerables los elementos que entran a organizar ese proceso por etapas de tiempo y adición, según surjan las necesidades de crear. Una energía que envuelve en campos magnéticos y gravitacionales le da esa creación primaria, surge y crea la capacidad de movimiento y empieza a moverse en su entorno y a desarrollar cualidades cada vez más complejas. Como la semilla cada vez que adquiere un nuevo agregado lo copia de alguna forma a su composición y lo mantiene como la cadena que se va formando en su evolución. O sea que crea una copia de energía y la duplica en cualquier otra división que cree de sí misma. Las copias que heredaran esos códigos genéticos al dividirse, que es la ley que las formó, las pasan a sus duplicados. De esa forma de división se crea un interactuar que define un reino con características únicas igual que las leyes cósmicas del origen del universo.

Las necesidades de desplazarse les crean protuberancias hacia el exterior. A la vez, la propia glándula les provee de ramificaciones sensoriales de sí mismas para detectar nutrientes y formas que tienen que evadir y superar en sus movimientos. A estas características se agrega una habilidad para copiar y retener una memoria de las formas y energías de lo detectado para en un futuro catalogar e identificar la experiencia. La misma reconocida si se manifiesta de nuevo y la reacción seria de acuerdo a la información grabada y a la noción de su elección o rechazo de cada una para mantener un código para reproducir las que fueran necesarias para superar una condición de desarrollo. A la vez se tienen que enfrentar a las sustancias que se agregan al cuerpo por la alimentación para adaptar sus condiciones de capacitar al sistema para elaborar más células con esas materias que son de diversas cualidades. Es posible que a la larga sea tanta la variedad a la que tengan que modificar su comportamiento de acuerdo a las regiones y las costumbres de los que se alimentan. Las emanaciones del espacio exterior al combinarse con los alimentos y los elementos que el cuerpo procesa agrega otra variedad de vibraciones a los compuestos que el cuerpo utiliza como un principio de crecimiento, la parte cósmica que emana desde el espacio proporciona cualidades especificas de las leyes que la proyectan hacia la tierra. Son parte de las leyes físicas que el ser debe comprender.

Al hacerse más complejos los procesos que deben superar y las radiaciones que les llegan son muy débiles por la concentración en el agua, sus sentidos de movimiento crean la visibilidad neuronal, lo que luego serían los ojos para percibir la luz y el movimiento. Glándulas internas para apoyar sus necesidades de más energía creadora que las dotan de una inmanente necesidad de generar otras ondas. Proveer las vibraciones adecuadas para crear los componentes que las capaciten a desarrollar nuevas áreas de mutación. Succionaban del fondo los nutrientes que fueron agregando a sus estructuras, de la misma forma que filtra los fluidos para retener los componentes del el agua para su beneficio que iban creando a la vez que sumaban una nueva característica a las anteriores. Se extienden ellas mismas en sus fibras nerviosas y toman conciencia de las dimensiones que abarcan por las señales que asocian a nuevas experiencias. Fueron creando nuevas áreas nerviosas y estructuras celulares de las materias que succionan para almacenar esa información y de ahí surge el primer cerebro que se aglutino cubriendo el tálamo la matriz del creador. En las células de ellas mismas duplican esa información genética y la pasan a las copias, y las que sobreviven hacen lo mismo. Siendo ya una célula con dos divisiones y funciones, cada lado de control tiene su particular código genético. Surge la división que crea los lóbulos genéticos internos, donde se desarrollan las necesidades de traspasar los genes de una célula a otra para que se complete el ciclo de división, con las polaridades adecuadas en un principio esa cualidad esta encapsulada como una cualidad del tálamo, lo que da origen a los que serían los sexos. De ese proceso surge la invasión de otras formas de vida tales como bacterias o viruses y formas extrañas a su desarrollo por el cual tiene que empezar a desarrollar defensa para su protección de la que intentan invadir sus partes internas.

Esto sería así porque el centro que primero se desarrolló como un complemento de las funciones neuronales fue la nariz que por su conformación reconocía las materias y las clasificaba para que las neuronas canalizaran la ruta de propiedades a donde serían dirigidas por el Tálamo. De este interactuar empieza la creación interna de lo que sería el prototipo del ser humano y una inteligencia o acumulación de detalles precisos de lo creado. Un hervidero de reacciones nerviosas desarrolla un centro de neuronas, donde responde a los impulsos que recibe y envía respuestas energéticas que son afines y recrean una condición de interpretar correctamente los impulsos que recoge. Por la necesidad de albergar una estructura que fue desarrollando su tamaño, fue duplicando su estructura en lo que sería el cuerpo y a través de sus redes nerviosas envió las necesarias órdenes de construcción de los atributos que lograría reproducir su estructura primaria en un cuerpo.

Lo dotó de redes de comunicación, desde donde alcanzó un control completo de cada célula creada en su interior. Las instrucciones las envía a través de neuronas o centros nerviosos que creó para mantener control completo de cada acción que se diera en su cuerpo. Mantenía y mantiene una noción, como una copia exacta de su contenido. Si alguna célula o grupo cesaba sus funciones o se destruía, la materia para sustituirla era inmediatamente generada y enviada al lugar preciso. Con la complejidad de crecimiento creó un centro o fábrica de células en lo que hoy llamamos hígado para mantener las necesidades de creación activas. En alguna parte de su cerebro, desarrolló una cualidad de generar por impulsos, órdenes de fabricar duplicados de las células ya creadas. Como siempre, en sus células primarias duplica o copiaba una réplica de sus avances en la datación de su nueva creación. Surge un hecho palpable de que ese conjunto de células nerviosas, no importa a la región que hayan sido enviadas, forma una red de comunicaciones internas.

Las células están conscientes de las funciones de las otras, formando una conciencia o mente universal de lo que son. Esa inteligencia forma parte de la central de control, el tálamo y sus glándulas endocrinas, que se agregaron a sus funciones. Es un complejo de operaciones perfectas. ¿Cómo es posible que un impulso de dolor lleve una instrucción exacta a este centro y le dé conocimiento de alguna lesión o enfermedad, y en qué célula o células existe la lesión o condición, y que exactamente el material requerido para su pronta reparación sea despachado de su laboratorio al preciso sitio donde se necesita en la cantidad precisa, y lo dirija por todos sus conductos a los sitios donde está el daño y lo duplique exactamente al anterior? Esto indica que las células en su entorno tienen una noción de comunicar al Tálamo o sus glándulas de control, la información exacta de las condiciones segundo a segundo de las funciones en proceso. Si un plasma es enviado para una función específica la ruta de control es dirigida al punto específico no a otro. Pero hay más, si por alguna razón este material, sea por la ruptura de una vena o capilar que lo conduzca, del torrente de líquidos que lo dirige a su destino sale en una parte donde no es reconocido y no llega a su destino, inmediatamente el cerebro manda células nuevas a crear una capa a su alrededor y lo aísla, creando lo que cataloga como un quiste.

Esta central se apodera del conocimiento de lo creado y nosotros somos conscientes, nos damos cuenta de esa inteligencia; nos alerta y nos mantiene al tanto de sus funciones. Esa misma área, el tálamo, es la parte donde se graban los perfiles de todo lo que se percibe y crea un mapa, como un GPS de los mundos y experiencias a las que ha tenido acceso, un banco de memoria de todo a lo que ha sido expuesta. Nos da la libertad de movimiento y de escoger situaciones que son armoniosas con su conocimiento. Si detecta alguna dificultad, nos alerta para evitarla o genera los impulsos necesarios para ajustarla y superarla, lo mismo que las funciones de la leyes cósmicas en nuestro interior, de donde recibe la energía para crear.

Este es un bosquejo imaginario de cómo surgió uno de los reinos, el más complejo de la creación, el ser humano. Comprendo que hay una dimensión de donde emana ese conocimiento. Ese conjunto de sensaciones que abarca todo lo creado y está agregado a este cuerpo material como un todo. Una inteligencia que agrega recuerdos a todo lo que se hace y en alguna parte está grabada como un mundo interior que toma conocimiento o conciencia de su ser, que se da cuenta de todo y lo puede manifestar, esa consciencia cósmica es un canal fuera de esta dimensión. La mente cósmica o creadora tiene noción de los procesos internos de los seres como mente activa.

Nos podemos encerrar en los laboratorios y ver cada célula individual y descomponer una a una sus partes, ya sea en átomos o en todas sus partículas, ya sea en energías o en sus derivaciones, de la forma que cada ser quiera estudiar la composición de los cuerpos y entender sus agregados y sus cadenas de ADN. De una cosa estoy seguro: de que ninguno podría dar una descripción y un concepto que abarque todo lo que envuelve los procesos internos y divinos del ser, un ser dotado lo pudo comprender, Dios no juega o juega a los dados con la creación, es el ser quien se juega la vida con su reacción interna a las leyes cósmicas que le dan la vida y la oportunidad de vivir en armonía y en paz con la creación, el libre escoger; esa es la libertad del ser en sus laberintos, en más de una ocasión ha escogido la auto destrucción, en vez de vivir en armonía con su espacio en el planeta y el universo.

La paradoja más grande —si así se puede llamar es para mí poder probar que después de surgir esta primera trans-membrana de la combinación de sodio y potasio y otros agregados, luego, por evolución, da lugar al tálamo y al cuerpo humano por generación cósmica. Por consiguiente, si el ser procede de esta primera creación y dependía de los elementos sodio y potasio concentrados en el agua salada y sus agregados por creación: ¿cómo es que sale de su primera fuente y sigue más tarde en el área de la Tierra, y luego depende del agua dulce para seguir subsistiendo?

Como es sabido, cuando surge la creación las emanaciones del Sol posiblemente eran muy concentradas y los elementos se acumulaban en los lagos y mares. El agua, al filtrarse por las porciones de tierra, se purificaba, a la vez que el ser se desarrollaba y poco a poco fue interactuando y emigrando gradualmente entre el agua salada y la tierra, y luego el agua dulce le sirve de subsistencia. No solo el ser humano desarrollo esta cualidad, otros seres llegaron a la misma fase de evolución al igual que el ser humano.

La explicación lógica y que no estaba al alcance de la mente humana actual, es que las emanaciones de sodio y potasio necesarias para la supervivencia procedían del propio Sol. De forma que existe una correlación entre el sodio y el potasio que están contenidos en las aguas saladas y el sodio y el potasio que emanan del Sol al igual que un cúmulo de elementos que se concentraron en las diferentes atmósferas y materias de lo que era la tierra. Alguna transformación surge en la membrana para adaptarse a los dos ambientes y al adaptarse al oxígeno directo del ambiente fuera del agua, la membrana que ejerce este trabajo durante el periodo que estuvo sumergido en el agua, desaparece poco a poco cuando se va adaptando a la vida fuera del agua salada.

Esto da lugar a que la vida material de esa forma fuera posible tanto en la tierra como en el mar. El detalle que más me llama la atención es que en el principio surgió un destello de creación donde nació el primer efluvio de energía creadora. Todo lo que surgió en ese breve período de tiempo simplemente se manifestó. De esa manifestación surgieron todas las formas y funciones que heredó la creación en los reinos que la precedieron. Los reinos creados simplemente lo que han hecho es evolucionar de una primera manifestación y variar sus etapas de evolución, superando la primera etapa de creación por milenios. Simplemente, este impulso creador entró en funciones con los atributos que cualificó a cada parte de los que generó y las cualidades que dio a cada cosa creada desde un principio. La pureza original de la creación no se ha repetido desde que surgió la creación en su principio, solo ha evolucionado a entes más complejos por agregación inteligente...

Esta deducción viene del razonamiento de que si la misma condición emanara constantemente, como en el origen, los elementos que se juntaron para lo que existe estarían creando nuevas formas de vida. Lo que observamos es que las formas originales evolucionan a estados más adelantados de sus propias y originales creaciones. Las criaturas y plantas surgen de sus antecesoras, heredando condiciones que ya han sido parte de una vida anterior. Estas nuevas evoluciones de las anteriores duplican prácticamente las características de las preliminares. Pero ¿cómo surgir de la nada algo con rasgos totalmente nuevos, manifestando un ser desconocido? No se ha producido en este plano terrenal, que se conozca o si es así no se ha dado a conocer, pero es posible, las pruebas existen.

He ahí el meollo de lo que es ahora la memoria a la que nos acostumbramos desde que estamos en contacto con la rutina del diario vivir desde milenios y desterramos la melodía de una sabiduría desplazada de nuestro intelecto por los intereses en boga.

Podemos bajar desde el ser más complejo hasta el más simple de la creación y encontramos las cadenas de ADN que siguen un patrón hereditario. ¿Qué generó esas cadenas de herencia? __ ¿De qué sustancia o esencia se generó el primer impulso creador, la cosa, como se llame, que interactúo en el primer momento que surgió la vida? __ ¿Qué cadena de emanaciones nos mantiene unidos en un conocimiento común de todos los fenómenos que arropa todo lo que se conoce? ¿De dónde la gradación de emociones de las más diversas que nos caracterizan como raza humana? ¿En qué escala se puede catalogar y medir estas vibraciones que no obedecen a las leyes materiales y que se proyectan en las escalas sublimes de lo que percibimos?

¿Por qué la variación infinita de estas escalas no puede ser captada totalmente por la mente humana? ¿Cuál es la armonía de la creación y a qué planos pertenece o está dotada, y por qué y para qué? Sabemos y estamos conscientes de que nos afecta directamente, y no podemos ni imaginar sus funciones verdaderas. Nuestra imaginación crea y es parte de ellas, pero no la dominamos.

La reencarnación y Resurrección

La naturaleza de las purificaciones “lo reviste con una túnica de carne que le es extraña, cambiando el vestido de las almas. Deja clara la trasmigración de las almas, donde refleja las almas perteneciendo a reinos inferiores y superiores”. El alma es más vieja que el cuerpo. Las almas renacen sin cesar del más allá para volver a la vida actual. Según Plotino, el alma es admitida a reencarnar en nuevos cuerpos para expiar sus culpas terrenales. Para alcanzar el progreso espiritual es necesario pasar por múltiples períodos de reencarnación. La reencarnación es el proceso de volver a la vida en un niño nuevo, el retorno de las energías a este plano.

En la ciencia y en la filosofía no hay poder suficiente para que puedan capacitar a un alma a reconocerse a sí misma. Sus atributos están lejos del espíritu y de su capacidad de comunicarse con Dios; este es un atributo del alma. Ni la sangre, ni la carne entrarán al Reino de Dios. La composición sanguínea que mora en el ser es el elixir de los compuestos que circulan por ese laberinto interno de venas y canales, de nervios y neuronas, de filamentos de transporte para las más sublimes energías de creación interior. La sangre es la sustancia que se amalgamo en los ciclos de emanaciones para conjugar dentro del proceso de construcción en la parte andrógina de la materia primaria. *Recientemente la reencarnación era comprendida por los pensadores de esta manera, desde que el ser piso los cuerpos estelares como la luna y los planes de viajar a marte desarrollados y anunciados actualmente el alma del ser retornaran al espacio de donde es creada y no necesitara reencarnar en este espacio cómico, sus energías estarán flotando más cerca del creador.*

La menstruación en la mujer es parte del proceso de reproducción de la vida, una vez el huevo es fecundado bajo las mismas leyes desde el principio la vida sigue su curso natural. Si no fuera fecundado se destruye por un proceso de secreción de sus partes. Se nota que en su curso regular sus partes se integran a las paredes del útero y crean ramificaciones de lo que sería el nuevo embrión, al no ser fecundado se desprende al ser expulsado fuera y se notara en el sangrado las fibras que estaban listas para su proceso de conservación.

La sangre es el líquido que mantiene la vida y circula a través de las siguientes partes del cuerpo:

El corazón, Las arterias, Las venas, Los capilares sanguíneos, baña todas las células del cuerpo y a cada parte lleva la savia de la vida con su específico componente de vida.

La sangre transporta los siguientes elementos a todos los tejidos del cuerpo: Nutrientes, Electrólitos, Hormonas, Vitaminas, Anticuerpos, Calor, Oxígeno

La sangre transporta fuera de los tejidos del cuerpo lo siguiente:

Los desperdicios, Dióxido de carbono etc.

En total 118 elementos de la tabla periódica están presentes en el plasma humanad- Dr. Quinton.

El plasma, en el que están suspendidas las células sanguíneas, incluye: Glóbulos rojos (eritrocitos) - transportan oxígeno desde los pulmones hacia el resto del cuerpo.

Glóbulos blancos (leucocitos) - ayudan a combatir las infecciones y asisten en el proceso inmunológico. Los distintos tipos de glóbulos blancos son:

Linfocitos, Monocitos, Eosinófilos, Basófilos

Neutrófilos (granulocitos), Plaquetas (trombocitos) - ayudan en la coagulación de la sangre.

Glóbulos de grasa, Sustancias químicas, entre las que se incluyen: Carbohidratos, Proteínas, Hormonas, Gases, entre los que se incluyen: Oxígeno, Dióxido de carbono y Nitrógeno. Cada estado físico de la materia está presente en el plasma sanguíneo. Las proyecciones científicas no aceptan este hecho tan sencillo. Cuál es el fundamento que arrojaría por tierra muchos de los inventos y patentes que desvirtúan la información para no conceder los beneficios a sus verdaderos descubridores y promotores. La salud es la ruta primaria a visualizar en la brusquedad de la verdad, pero no es la práctica de los poderes temporales.

Poema de la creación

Información importante que revela un mundo ocultado de información que ayudara al descubrimiento de las civilizaciones antiguas y su potencial aporte a la comprensión de nuestro estado actual, donde tanto la ciencia como la religión se han insertado en el control de la información para no perder el caudal acumulado por siglos todo basado en el diezmo mesianista implantado por la república romana.

Enuma Elish

El Poema de la Creación Enuma Ellish Traducción y notas de Luis Astey Universidad Autónoma Metropolitana 1989

2. El Poema de la Creación - Enuma Elish Notas preliminares I Enuma Ellish

—"Cuando arriba"— es un poema babilónico, originalmente redactado en lengua acadia y escrito en caracteres cuneiformes sobre tablillas de arcilla. Pudo haber sido compuesto hacia los siglos XVIII o XVII a.C., luego de ocurrida la dominación Babilonia, entonces potencia de reciente advenimiento, sobre las antiguas y venerables ciudades-estado sumerias de la Mesopotamia meridional.

1- Elabora dos materias míticas de sentido cosmogónico: la victoria del dios ordenador sobre las fuerzas de lo informe y el proceso de configuración y organización del mundo. Y por ello se le conoce asimismo como "Poema de la Creación". Pero lo que en realidad se propone es responder a una cuestión de otro orden, mediante la cual remite al universo de lo luminoso, y legítima en él los fundamentos últimos de aquella dominación: de qué modo una deidad secundaria e inicialmente oscura, en el caso la figura divina local de la nueva metrópoli, pudo válidamente adquirir la primacía en su panteón y desplazar así a Enlil, suprema divinidad de Sumer, de quien hasta ese momento tal condición había sido predicada. De ahí que, además, el complejo narrativo antes apuntado concluya con el relato de la edificación de la Babilonia celestial y de sus templos y culmine con el homenaje de todos los demás dioses a Marduk y la entonación del himno que explicita y proclama sus cincuenta nombres. Y esa operatividad ideológica suya queda confirmada cuando, tras el sometimiento de Babilonia por los asirios y la expansión de éstos hacia el occidente asiático y Egipto (c. 814-610 a.C.) en apoyo del nuevo imperialismo, Marduk es a su vez sustituido por Asur en algunas copias septentrionales del poema.

Resumen:

Apsu, representaba las aguas primordiales, el agua dulce que flota en la tierra

Tiamat el agua salada o el mar, esta última era bisexual y a la vez femenina. De la unión de las dos aguas dulces y saladas nacieron las parejas de los dioses que generaron nuevas criaturas.

Cuando allá arriba no había sido nombrado el cielo,

Por debajo de la tierra no tenía nombre,

Ni en la tierra se pronunciaba el nombre, el Apsu primero su generador

Mummun y Tiamat, los generadores de todos ellos,

Sus aguas se mezclaban juntas.

Cuando viviendas para los dioses no estaban construidas, y las cañas de los pantanos no eran todavía visibles,

Cuando ninguno de los dioses había sido creado, y ellos no llevaban nombres y los destinos no habían sido asignados, fueron procreados los dioses por ellos.

Aquí un relato de los hombres creados por la acción de las aguas y el barro que da origen al ser.

Creado para trabajar para los dioses y con algo de divino y pecador porque su naturaleza no es perfecta porque es la combinación de la sangre de un ser material y la esencia. Las impresiones son reacciones a las energías de la crearon. Dimensiones de profundidad infinitas, surgidas de la mente creadora, Alto, Bajo, Este, Oeste, norte y Sur y por último la profundidad, estas son las seis dimensiones selladas en la impresión del alma y la conciencia humana en el nombre de Dios.

El poema es una realidad que palpo una civilización que da vida a los detalles observados directamente de lo que se desarrolló en ese ciclo de vida desde la clarividencia de quien lo contemplo físicamente y aplico su percepción para dar el detalle de lo que su conocimiento rudimentario interpreto de sus observaciones y creencias sobre un acontecimiento que maduro su conciencia.

1-Cuando el hombre no tenía una idea de lo que era el cielo.

2- Lo que existía lo que está por debajo de la tierra no tenía tampoco un nombre. Los sentidos de los seres creados no se habían manifestado en su potencial todavía.

3- Sus aguas se mezclaban juntas, esto da una noción de ríos de agua dulce penetrando los lagos o mares y se mezclaron por primera vez con la salada. De la mezcla de las aguas y el barro debajo de ellas surgieron los seres.

Da una idea que por estos medios, los seres surgieron y tuvieron acceso directo a l agua dulce y a la tierra. Empezó la multiplicación de los seres espirituales, reconocidos con nombre de dioses.

La composición del hombre material con la nueva luz directa del sol y vibraciones cósmicas abrieron el horizonte a la expresión sublime de los compuestos dentro de esa relación.

4- Cuando los seres surgieron, todavía no existían viviendas para alojarse y protegerse.

5- Cuando las cañas en los causes de los ríos empezaron a surgir, quiere esto decir que ellos contemplaron el surgir de las primeras cañas en los ríos. El surgir de la naturaleza misma broto ante sus ojos. Es la imagen de la evolución en sus orígenes.

6- Cuando los seres le asignaron los sucesos a las deidades o dioses y los bautizaron con nombres para designar sus potencias creadoras en su imaginación, esto indica que empezó una contemplación desde una nueva dimensión que surge dentro de su intelecto.

7- Admiten que ellos fueron creados para trabajar para los dioses, es el primer ejemplo de que los que tomaron el poder se proclamaron dioses y los demás debían servir para que ellos dieran cuenta a los dioses.

8- Fueron creados con una naturaleza no divina porque su sangre fue una mezcla de algo divino con lo material, de ahí la degeneración de los seres creados. La noción de que sus cuerpos fueron creados de las mezclas de la materia con la unión de algo sutil superior.

Esto no es un mito, es una realidad grabada en la conciencia de un ser o seres que la plasmaron en un rudimentario poema, dando detalles de sus visiones personales de la creación primaria real. La energía divina actuando en la primera etapa de creación. Tantos fenómenos se hicieron reales que los seres tardaron tiempo en internalizarlos. Dentro de esas realidades guardaban un recuerdo que fue madurando en su interior y la fuerza divina se hizo patente en ellos. Tablillas de barro se han encontrado (50,000) o más y se analizan actualmente.

La Historia secreta de los sumerios

PUBLICADO EN DOCUMENTALES, MISTERIOS Y COMPLOTS, 7 AGOSTO, 2013

An o Anu, dios del cielo;

Nammu, la diosa-madre;

Inanna, la diosa del amor y de la guerra (equivalente a la diosa Ishtar de los acadios);

Enki en el templo de Erido o Eridu, dios de la beneficencia, controlador del agua dulce de las profundidades debajo de la tierra;

Utu en Sippar, el dios sol;

Nanna, el dios luna en Ur;

Enlil, el dios del viento.

Su panteón divino (dioses) estaba encabezado por An, "estrella", cuyo signo era inicialmente una línea vertical cruzada por varias en horizontal y diagonal. Bajo su mando estaban sus hijos Enlil ("Señor del Aire") y Enki ("Señor de la Tierra"), formando un triple divino (¿La Santísima Trinidad bíblica?) al que más tarde se uniría la diosa Nin. Mah ("Dama Excelsa") o también Nin.hur.sag ("Dama de la cabeza de la montaña").

Veremos que los astros, el sol, la luna, las estrellas se veneraban como poseedores de energías vibratorias capaces de generar la vida. Los periodos de sus ciclos creaban las condiciones para la manifestación de esta desde la primera etapa de la tierra en su órbita.

Los reinados de los reyes antediluvianos eran medidos en sars -periodos de 3600 años, la siguiente unidad hasta 60 en el sistema sumerio (3600=60×60), y en ners - unidades de 600.

Pues bien, esta lista sumeria de reyes antediluvianos, nos dice: "Después de que la realeza descendiera del cielo, la realeza estuvo en Eridug (Eridu). En Eridug, Alulim se hizo rey y gobernó 28800 años."

Cuando mencione Eridu, salta a la vista que los Mandeanos que seguían a Juan el Bautista quien enseñaba la esencia del Bautismo originario de los templos que estaban localizados en el área del río

Eridu, debo consignar que este río al igual que el Jordán es un símbolo del Bautismo.

Si consultamos las referencias en la lista vemos que Alelan (o Adapta, hijo de Enki) de Eridu gobernó 8 sars (28800 años), es decir desde 453.600 al 388.800 ante. Lo que poca gente parece saber, es que en Egipto ya se hablaba de la idea de la trinidad (padre, hijo y espíritu santo) como Amón, Ra y Ptah; y los sumerios los llamaban Ishtar, Baal y Tammuz: La emanaciones del Creador son desde el principio de los tiempos y no se puede menospreciar la forma en que los primeros seres idealizaron al Dios creador, de una forma simple y directa. Siempre hubo un respeto por la creación.

La cámara nupcial

Otra prueba del conocimiento antiguo ocultado

El Grial es un paradigma de la mente humana que busca desentrañar los misterios ocultos en la historia de la creación. Los objetos venerados y puestos en exhibición tratando de probar la autenticidad de lo intangible por medios de ídolos o de objetos. Los sueños de seres poderosos de apropiarse de un conocimiento superior y único que le de poderes sobrenaturales para dominar al mundo, o hacerse poderosos e importantes. Los que manejan los hilos de las invenciones sacan provecho de esas liviandades humanas. Todo el tiempo ha existido ese conocimiento todavía indescifrado por la mente humana que no logra entender que el grial es el poder escrutar su propio ser natural como fue creado. El maestro Jesus ya tenía una noción de estas declaraciones que revelan el verdadero sentido de lo que es el Grial.

En el evangelio apócrifo de Felipe se declara que Jesus dejo esta información mientras hablaba con sus hermanos, Felipe y Tomas.

Al profundizar en este contenido se desprende que tan antiguo como en las iniciaciones se sostenía este conocimiento. Además que Jesus domina este y lo enseñaba a sus discípulos. Es fácil comprender por qué la maduración y comprensión de la vida, como una oportunidad de captar interiormente esa dimensión escondida en el mismo ser y la forma de comprender su significado y uso. Conocimiento este que pondría a la humanidad en un adelanto sin paralelos, pues cada ser humano es el heredero del Grial. La oportunidad del alma volver a un plano material donde el cuerpo pueda madurar su condición, transducir la capacidad de interactuar con el alma del creador, elevar su alma a una más pura manifestación de los que es Dios y los atributos que copio y comparte recíprocamente en cada ser. A través de ese estado de conciencia se traspasa el umbral entre lo material y la esencia creadora. El misterio se revelara cuando el ser pueda entender su naturaleza omnisciente, despertar ese fluir entre el espíritu y el alma, trascender esas vibraciones que al madurar elevan sus escalas vibratorias y se confunden con las del alma universal, la fuente de donde emana el creador será el próximo paso.

“La redención es la unión del macho y la hembra donde se reproduce de nuevo la encarnación de los seres que se manifestaran en un niño nuevo. Pero en la matriz de la madre, en las aguas bautismales, que se producen con el primer soplo de aire. Pero no es aire como los seres se imaginan, es la divina emanación del padre en cada cosa creada, la fuerza del espíritu que madura luego en la conciencia de la esencia del alma, el ojo de dios en continuidad con el ser creado.

Cuando Dios le presentó Eva a Adán, él dijo: "esto es hueso de mis huesos y carne de mi carne, por esto el hombre dejará a su padre y a su madre se adherirá a su mujer y serán una sola carne".

Análisis

La creación se explica porque la unión se dio en el ámbito de una trans membrana donde se concretó la unión de los contrarios, el tálamo es el único lugar donde ese fenómeno se manifestó por la unión del agua dulce y la salada, es igual que lo que se duplica en la matriz de la madre, los fluidos que sustentan la vida material y la unión de los atributos divinos. Al dar por término la vida en ese ser sus emanaciones se elevaron a las del padre creador de donde emano.

Solo al reencarnar es posible nacer de nuevo, volver a ser niño, el único sentido para la vida eterna. Luego de esa esencia estar en un plano de donde emano anteriormente, sus cualidades divinas pueden regenerar las espirituales (redención) y su alma volver a ser niño. Ocupar el espacio de una encarnación donde Dios se manifestara de nuevo.

"A menos que uno nazca de nuevo, no puede ver el reino de Dios" "¿Cómo puede nacer el hombre cuando es viejo? No puede entrar en la matriz de su madre por segunda vez y nacer. ¿Verdad?" El hombre puede nacer físicamente muchas veces, (Reencarnación) más no puede entrar al reino de Dios porque para ello se requiere”

Análisis- Abandonar el cuerpo material (transición) y regresar al reino del padre para la redención (regeneración de las impurezas que se adhieran en la vida anterior, las emociones los sentimientos, el amor, la conciencia del padre que se adormece en cada vida material, por el ego humano. Esa fue la misión de Jesus, enseñar el camino a la redención y regeneración del ser. La forma de entender al creador el Dios de la creación.

“Jesús contestó: muy verdaderamente te digo: a menos que uno nazca del agua y del espíritu, no puede entrar en el reino de Dios" "Lo que ha nacido de la carne, carne es, y lo que ha nacido del espíritu, espíritu es. No te maravilles a causa de que te dije: Ustedes tienen que nacer otra vez".

Análisis

En las aguas primordiales que solo se dan en la matriz de la madre como en un principio. Es la forma de la continuación de la vida después de su generación en el agua salada como una trans membrana o glándula andrógina, conteniendo los principios del creador que luego dio origen al cuerpo humano. Ese fenómeno se integró a las funciones del cuerpo creado por el Tálamo y la continuación de la creación dese la matriz maternal.

Reencarnación

Las primeras sentencias del evangelio, tal como: "El esclavo solamente aspira a ser librado, mas no ambiciona la propiedad de su amo. Pero el hijo no es solamente hijo, sino también se asigna a sí mismo la herencia del padre. (Jn 8:35, Tom 72)"." Quienes heredan lo muerto son muertos ellos mismos y heredan lo muerto". "El sistema se inventa, las ciudades se construyen, los muertos se llevan fuera. (Asíndeta; Isa 40:17, Ap 18, Lc 9:60, Fel 105) "Quienes siembran en invierno cosechan en verano" nos indican la necesidad de un cambio trascendental".

Análisis

Ese cambio trascendental se lleva a cabo regenerando la manifestación material del ser y del alma que lo ocupa, purificando los sentimientos y pensamientos hacia una vida más sublime y espiritual.

Felipe nos enseña que es necesario estar más allá del bien y del mal: "La luz con la oscuridad, la vida con la muerte, la derecha con la izquierda, son hermanos entre sí. No es posible separar los unos de los otros. A causa de esto, ni es bueno lo bueno, ni son malos los malos, ni es vida la vida, ni es muerte la muerte. (Isa 45:7, Lam 3:38)"

Análisis: La creación a través del tálamo todas las materias y las esencias divinas han sido combinadas para que se dé la dualidad y la mejor combinación de las fuerzas creadoras. La parte del alma en el ser debe ser atraída por voluntad, no es la combinación material que se da en todos los reinos, es la sublime conciencia de que tenemos dentro el reino del padre. Nuestra misión en cada encamación es elevar esa madurez divina lo más cerca de la pureza del alma. Mientras la materia siga libremente creando desde las cualidades con las que nace, su manifestación obedecerá a esas cualidades. Si el ser entra en conciencia de la oportunidad de regenerar la parte material para que la manifestación del alma sea más sutil y con mayor poder, ese ser lograra entrar a la conciencia divina y comprender su estado de purificación, *luego podrá atender porque los seres son los que Juegan a los dados con la liberta de escoger de la leyes universales.*

Nadie imagina que en el trabajo con la energía creadora se encuentra el origen de todas las posibilidades humanas y divinas, por eso Felipe dice: “Nadie esconderá un objeto precioso de valor dentro de un recipiente costoso, sino que muchas veces se ha guardado algo con valor incontable en un recipiente que valía una miseria. Así es con el alma, algo precioso ha llegado a estar en un cuerpo humilde. (Tom 29)

Y que con el principio sexual pueden fabricarse las vestiduras del alma, "la carne y la sangre no pueden heredar la soberanía de Dios"

La carne ni la sangre pueden sobreponer la naturaleza de dios, Es imposible que la materia se eleve al reino del padre donde solo se manifiestan las energías del alma. Las emanaciones de la luz del creador emanan hacia su creación y la fecundan. Una vez se liberan se desprenden de la materia y regresan a la fuente que la genero.

(I-Cor 15:50) En este mundo quienes llevan vestiduras valen más que las vestiduras (Sal 104:2)

Análisis

Dentro de esas vestiduras está el alma desnuda donde solo dios vera su valor.

En esta sentencia nos explica cómo el Espíritu Santo se relaciona con las fuerzas sexuales del hombre y de la mujer: “Padre" e "Hijo" son nombres sencillos, "Espíritu Santo" es nombre compuesto. Pues el Padre y el Hijo existen en todas partes, arriba y abajo, en secreto y en manifiesto. El Espíritu Santo es el secreto arriba dentro de la manifestación abajo. El viaje de lo sutil, las escala vibratoria de las energías del alma tomando control de su habitáculo.

Análisis

Un canal sellado en la parte interior del ser que en una etapa primaria tenía comunicación directa con el tálamo y la esencia. Por alguna razón de las violaciones de los humanos este canal quedo sellado y separado de las emanaciones que daban la conexión directa con la unicidad. En el tálamo es que se combinan las fuerzas materiales que dan la forma a los seres, dentro del tálamo y sus glándulas endocrinas es donde se filtra la emanación de Dios y recorre los espacios del ser humano, con o sin su conciencia de existencia, Dios sigue su trabajo. El que coopera con el tendrá su recompensa.

Felipe nos advierte de evitar el adulterio y conservar el matrimonio para no ser maldecidos. Primero ocurrió el adulterio, luego el homicidio. Y (Caín) se engendró en adulterio, pues era el hijo de la serpiente. Por eso vino a ser un homicida tal como su padre, y mató a su hermano. Pues cada apareamiento que ha ocurrido entre disimilares es adulterio. (Gén 4:1-16, Jn 8:31-59, I-Jn 3:12, Tom 105)

Nota: En el principio todas las criaturas compartían un ambiente común y era una verdad que los fluidos seminales se mezclaban, pasó mucho tiempo en que las leyes naturales conformaran los patrones de las leyes divinas, al punto que los reinos primarios fueron creados primero y por último el ser con cualidades superiores. La ulterior dominación de unas a otras fue ocupando lo real de la creación. Muchos sucumbieron para que el reino ocupara su verdadero espacio, especialmente dentro de cada ser humano.

Y nos invita a desarrollar la fuerza más pura en la pareja, el amor. La fe recibe, el amor regala.

[Nadie puede recibir] sin fe, nadie puede dar sin amor.

Análisis

Como interpretar el término fe según Felipe. Me imagino la fe era aceptar las cosas que ellos enseñaban y ponerlas en práctica. No es lo que hoy en dia se prédica pues la verdadera profundidad del conocimiento se ha desvirtuado. Es una ley de la armonía universal de la creación, en ella estriba la esencia de Dios, si eso se desvirtúa, se alteran las leyes y la destrucción es lo que se manifiesta. Si la palabra no va con la verdadera esencia que acompaña un cuadro mental equivalente a las impresiones que causa, esa verdad esta desvirtuada. Los enunciados de la divinidad deben corresponder a esta. Una vez se desvirtúa su significado, empiezan a surgir las creaciones mentales del ser humano formando una borrasca que confunde la esencia misma. Esa es la debacle de las declaraciones actuales de la anunciada naturaleza divina.

El hombre y la mujer combinan el agua de la energía creadora con el espíritu (fuego): El alma y el espíritu del Hijo de la Alcoba-nupcial acuden [en] agua y fuego con luz. El fuego es el crisma, la luz es el fuego (Fel 26 28)

Antes de la caída edénica (por el mal uso del sexo) no existía el sufrimiento: En los días mientras Eva quedaba dentro de Adán, no existía la muerte. Cuando ella se separó de él, la muerte empezó. Si [ella] entra de nuevo y él [la] recibe, la muerte ya no existirá.

Análisis

Cuando todos éramos uno.

De ahí surge la combinación de las primeras etapas de la creación. El tálamo solo se convirtió en un aposento que se encerró en una capa de materia como una nuez, para evitar la mezcla de las energías impuras. De ahí es que se puede regenerar al ser. Por extensión al degenerar en un cuerpo material y sus extensiones el Tálamo degenero en lo que sería el cuerpo humano, donde combinación carnal es como la de los animales, una necesidad. De esa forma la original creación se degenera a un cuerpo humano donde por extensión surge la matriz de la creación en su contraparte la mujer. Esa fue la degradación de la creación para darse a conocer, lo de Eva y adán es un mito para dar a conocer el proceso de la creación.

Solo el amor divino que emana de arriba a través del tálamo, la glándula en el centro del cerebro, como dije es la matriz de la combinación de la vibración divina, la otra combinación es la matriz de la mujer, donde se combinan las aguas y los efluvios de creación, solo con la influencia de la divina fuerza del tálamo puede llevar a la verdadera creación en la parte femenina, y la pureza del alma que ocupara un nuevo niño ser de la cualidad de la materia que lo contendrá en una cualidad que degenero en la caída edénica de ser un hombre mujer un andrógino a cuerpos separados.

De nuevo el canal interior de la parte superior el tálamo y sus canales internos con las demás fuerzas interiores, ceso la comunicación directa, para de nuevo establecer esa correlación el ser debe asumir el control y ejercitar su propia comunicación con el sacrificio de sus energías de vida. Caso que debilita sus atributos de purificación y cada dia debe hacer un esfuerzo para lograr la armonía interior.

Los misterios de la Supra sexualidad no son para todos: El tálamo no es para los animales ni para los esclavos ni las hembras impuras, sino que es para los varones libres con las vírgenes. (Hch 21:8-9, Tom 61b!, Fel 12 80.

Análisis

En las frases anteriores esta explicado que el hombre no puede derivar su evolución de los animales inferiores como se ha tratado de probar que el hombre desciende del mono. Bajo estas teorías y otras que arraigaron por el arrojo personal de la interpretación desde la epoca Constantiniana y los intereses de crear un imperio sobre una verdad creada sobre la vida de un sincero mensajero del creador, pese a las luchas y críticas de los que vivieron la persecución personal validaron aquello que el maestro Jesus denuncio con vehemencia tras la persecución de él y sus discípulos.

Sin embargo fueron desvelados para aquellos sinceros que anhelan la redención, [El sagrado] velo se rasgó [para revelar] el tálamo, el cual es sólo la imaginería [que existe] arriba. Y el velo se rasgó de arriba abajo, pues es apropiado que algunos suban de abajo para arriba. (Tom 84, Mc 15:38)

Funciones internas del cerebro

Esther Rosón Gómez

Esther Rozón Gómez Año: 2005. ANATOMÍA Y FISIOLOGÍA DEL SISTEMA NERVIOSO

Los procesos cientificos abordados por una mente científica, donde los detalles corroboran los enunciados del origen en el agua salada.

La aportación de esta Doctora y científica a la ciencia del futuro:

De un modo sencillo dio un aporte comprensible a los procesos internos, originales del ser humano que todavía subsisten en nuestro sistema original y describen los mismos procesos internos.

En el estudio científico publicado por la doctora Esther Rosón Gómez en el año 2005, se puede apreciar a la perfección de este centro en el cuerpo.

Cada ser desarrolla una personalidad individual, que está ligada a las funciones de su tálamo, asociado a su sistema endocrino y neuronal. Es el campo de acción, la barrera de tiempo espacio en el ente humano, donde se regulan las características que refleja la acumulación de la evolución personal, grabada en las neuronas de comunicación en cada área que es afectada por las acciones del cuerpo físico. El interactuar de las emanaciones con la energía de la materia que formo los seres desde un principio. En el evangelio apócrifo de Felipe se describe este proceso con precisión. Esto demuestra que Jesus y sus discípulos tenían plena noción de las facultades del tálamo, como asiento del alma. Por no decir los egipcios fueron los primeros en dominar este conocimiento en el ser humano, el ojo de Horus.

La correlación las emociones se comuniquen e interactúen con las vibraciones cósmicas. Menciono vibraciones cósmicas porque somos receptores de energías que viajan por el espacio hacia nuestros mundos y cuerpos, y sus vibraciones se manifiestan en átomos, moléculas y materiales con cualidades que nos dotan de una variedad de reacciones diversas, nos hacen conscientes de las fuerzas que se desatan en nuestro interior, creamos con esas fuerzas. Somos caldo de cultivo de la mente divina. Por el momento y en pleno siglo XXI, las barreras del conocimiento se mantienen en ascenso. A diario se dan nuevos pasos en los descubrimientos que dan una idea más real de lo que se percibe y se cree. Hay más certeza que duda de los procesos internos.

Dentro de poco no será necesario este esfuerzo, para que las mentes que han evolucionado y dejado atrás esa época de oscurantismo fanático emerjan como los nuevos pilares del desarrollo para el futuro. Espero que con humildad acojan el porvenir de la humanidad. Las mentes jóvenes deben conocer este legado que se mantiene a raya por los sistemas creados.

En el área de las imágenes visuales, esta glándula retiene las emociones causadas por la reacción a efectos visuales, efectos de los espectros de luz blanca que se fosforiliza en sus procesos, vibra de acuerdo con la reacción de lo que se percibe, causando que envuelvan la gama de emociones que abarcan todas las manifestaciones que se le atribuyen al ser humano; la risa, el temor, el rechazo, la aceptación, el amor, la admiración y todos los atributos de las expresiones humanas, son un atributo de las diferentes arcos de armonías internas. Digo arcos porque es un saltar de chispas de una neurona a otra la que causa esos efectos de alineación y balance de ondas eléctricas y químicas, interiores de creación, afectando nuestro sistema endocrino.

Incluso hay estudios donde se atribuye a esta parte del cerebro, una zona tan antigua como el tálamo, el miedo o la noción adquirida de protección contra los peligros. Toda esta gama de reacciones que experimentamos son el interactuar entre esa mente cósmica y la gradación que el ser humano puede experimentar de su relación espacio tiempo en su habitáculo de ser físico mental.

Es una función natural que se desarrolló desde el principio de los tiempos; nos capacita para accionar todas las defensas de protección y escape. El sentido más desconocido, la intuición que poseemos dormida en nuestro interior, un sentido que nos alerta como una chispa que lo abarca todo y nos da una noción certera y a veces anticipada. Como todo ser humano que busca desentrañar un concepto o explicar procesos, debe acudir a las fuentes más apropiadas. Es por eso que debo ir directamente a las enseñanzas que abarcan esa noción que adelanta la idea sin tener que producirla. Esa es una rutina de los que buscan dar algo a conocer, pues nadie posee todas las fuentes del saber.

Resumen de los descubrimientos de la doctora Esther Rosón Gómez

Potencial de reposo y de acción:

Situación de reposo: En esta situación de reposo, la membrana de la neurona está polarizada de forma que es 90 milivoltios más negativa en el interior que en el exterior. El potencial de reposo es de -90 mV, debido a la concentración de sodio y potasio.

Nota: "La nanotecnología puede abarcar más profundamente en el sistema de las energías que funcionan en armonía con estas membranas que se formaron para filtrar y descomponer las radiaciones de la cosa creadora.

Solo conocemos un pequeño universo de ellas, debido a que es un campo nuevo y yo no soy científico lo menciono por lógica debe existir por lo que yo imagino un sinnúmero de descubrimientos, a los que no se tenga acceso o por el contrario mentes preparadas para abonar al conocimiento científico.

2. Despolarización: se abren los canales de sodio y el sodio entra en el interior de la célula.

3. Repolarización: los canales de sodio se cierran, se abren los canales e potasio y el potasio sale de la célula para reponer la negatividad.

4. Bomba sodio/potasio: expulsa tres sodios por cada dos potasios.

5. Recuperación del potencial de reposo

Hemisferios cerebrales

Hay dos hemisferios, uno derecho y otro izquierdo, que están separados por la hendidura interministerial.

Los hemisferios cerebrales están recubiertos por corteza cerebral y

Sustancia gris.

*Nota:

"Estas materias se acumularon en el habitáculo del cerebro por eones de tiempo, durante la reacción a las energías que causaron su acumulación y la necesidad de material para que las neuronas procesaran la materia. Donde se desarrollaron las materias básicas por atracción de los compuestos que dieron la base a la creación y se distribuyeron por los canales del cuerpo material, creado. Siguiendo las leyes de agrupación de materias necesarias para la supervivencia y canalización de las energías que estaban creando vacíos de atracción; de las fuerzas necesarias para complementar el trabajo que se les imponía para lograr una armonía en su creación."

La corteza cerebral tiene circunvalaciones y surcos que aumentan la superficie cortical.

Corteza cerebral

Se elaboran movimientos voluntarios. Se hacen conscientes las sensaciones. Se almacena información. Se elaboran las funciones psíquicas. Situada en la circunvalación recental, en el lóbulo frontal. Se originan las órdenes del movimiento de los músculos voluntarios del hemicuerpo contralateral. Las fibras que se originan forman la vía piramidal. Está por delante del área motora. Esta área programa los movimientos. Tiene muchas conexiones con los núcleos estriados y el tálamo que actuarán como centros de conexión.

Nota:

"Basado en estas observaciones se demuestra que existe un hervidero de reacciones de energía, creando el ambiente para que esos procesos sean posibles. La agregación de esto procesos tienen una madures de milenios y la fuerza que las condujo a esa maduración; debe ser una tan sutil que solo la divina luz de la creación puede actuar en estos procesos. Sus cualidades se mantienen como en el principio o con variaciones leves.

Estos deben haber sufrido milenios de variaciones en cambios materiales y modificaciones de conducta para que se refinaran unos procesos que posiblemente aun la ciencia está tratando de documentar. Es un

Las energías que han creado esta escala de fibras conductoras para la gran variedad de energías que circulan por toda esta madeja de nervios y neuronas y que saltan a la vista su complejidad, la variedad da al traste con la imaginación. Es progresivo este proceso de superar y crear canales para modificar los procesos internos. Al ser dual esa energía entra en el proceso del tálamo y se ramifica por sus canales creados por necesidad de cambios y expansión de redes de comunicación. Las ramificaciones son creadas de acuerdo a los impulsos materiales (átomos y electrones de diversas materias que han de viajar por todo el circuito de creación interna".

Área oculocefalogiria

Está en el lóbulo frontal contralateral.

Se dan los movimientos voluntarios de los ojos y la cabeza.

Área para el cálculo, el reconocimiento del esquema corporal, reconocimiento del tacto y lectura.

Región situada al final de la cisura de Silvio.

Área del lenguaje

Está casi siempre en el hemisferio izquierdo.

Repartida en varias zonas:

Área de Broca -a nivel frontal

Área de Wernicke -a nivel temporal y delante del occipital-.

Área de la memoria

No hay una zona determinada.

Se le ha dado mucha importancia al hipocampo.

Agrupación de núcleos.

Está al lado del tercer ventrículo.

Llega información sensitiva.

Participa en el control motor.

Mantiene la alerta.

*Nota:

"La memoria del cerebro no tiene un campo en específico pues cada célula del cuerpo tiene una personalidad propia en su hábitat y domina una amplia gama de energía a las que aporta su desarrollo y acumulación de información que comparte con el enjambre de neuronas y nervios a través de las redes de comunicación que varían, pues no tiene un patrón fijo de comportamiento y se amoldan a las necesidades creadas por el mismo sistema."

Núcleos estriados: Formados por el núcleo caudado, putámen y pálido.

Hacen control motor.

Nota:

Los colores de las sustancias dan una idea de las potencias de energía que deben absorber o filtrar, convertir en un coladero de vibraciones que tienen que regular. Aportar a un proceso en específico de acumulaciones, depende el rol de las cualidades que debe suplir al igual que cualquier otra materia que acompaño la evolución en cada cosa creada.

Hipotálamo

Región formada por sustancia gris.

Está al lado del tercer ventrículo, por delante del tálamo.

Es el principal centro vegetativo.

Nota:

La creación de membranas de diferente espesor obedece a la capacidad de filtrar y graduar las energías para que su rol sea el apropiado, o desarrollado específicamente para ese proceso en la creación de nuevas sustancias y conexiones en el esquema de construcción de la materia en el cuerpo. Es el papel más importante de la regulación de actividades para suplir al cuerpo creado de un control de emanaciones que penetran los cuerpos.

Precisamente este factor permite la intervención de la voluntad creadora de la imaginación y entrar en control de parte de esa energía para establecer una comunicación o frecuencia con esa capacidad energética y disfrutar de una sensación elevada de conciencia divina. Pues es de la energía que emana del universo que secundan estas actividades creadoras. Armonizar las fluctuaciones internas de la materia que nos compone, afinar su estructura conductora, para abrir un canal un puente entre el consciente y el subconsciente, la frontera del ser con el no ser o viceversa. Lo esencial es que nuestro ser perciba esa sensación de armonía interna. Si logramos internalizar ese proceso de agregación divina estaremos imbuidos de esa noción de que es el mismo Dios el que actúa con sus leyes en todo lo que se manifiesta.

Claude Allegre Un poco de ciencia para todo el mundo

Los descubrimientos de este científico francés que corroboran la teoría. Experimento "Las rayas negras del sol". Cuando la oscuridad procede de la luz o se complementan (página 73: Un poco de ciencia para todo el mundo) PAIDOS IBERICA, 2005- ISBN 9788449317057

Los egipcios documentaron en sus efigies y esculturas las tradiciones ofrecidas al dios sol, como la base de la emanación de la creación. En sus estatuas enmarcaron el área del Tálamo como el centro de origen de los dioses. En las estatuas y la posición de los faraones mostraron un enigma para la humanidad.

Lo que más tarde la NASA descubre recientemente como el MER- KA- BA. La alineación de las fuerzas naturales del cuerpo humano para mantener una armonía con las fuerzas de las energías planetarias. La base de este descubrimiento es que los cambios en los polos de la tierra cambian respecto a su orientación hacia el espectro planetario. El planeta tierra se alinea naturalmente al igual que los reinos animales, el ser humano no tiene esas facultades pérdidas durante la evolución de su estructura física. Especialmente por la alimentación y violación de las leyes naturales. La forma de alinearse con esas fuerzas recrean la sabiduría de Lao Tse, en sus predicas del TAO, los siete senderos o caminos interiores del ser. La base se encuentra en el Kybalion. Es un legado de las escuelas iniciáticas. Son ejercicios de orientación de fuerzas que se hacen pasar por el cuerpo humano para dotarlo de esa energía necesaria para la iluminación interior y la elevación mística. AMORC es una institución actual que mantiene un sistema no sectario de orientación sobre estos temas. Está localizada a nivel mundial y en América en San José California, para el habla Inglés y en México para el habla hispana, con solo pedir información a través de Internet para accesar sus facilidades e información.

Newton había demostrado que la luz era el resultado de la combinación de los siete colores fundamentales. Las refracciones a través de prismas descomponen la luz blanca que ingresa en nuestro sistema en un espectro que refleja los siete colores del arco iris.

En los experimentos de Bunsen y Kirchhoff para demostrar la refracción de la luz solar y por qué se producen los fragmentos de luz a oscuras en el espectro solar al arrojar polvo de sodio a una llama y analizar mediante un prisma el color emitido se verificó que el sodio está dotado de rayas características, bien definidas. Al hacer el mismo experimento con potasio, comprobaron que las rayas existen, pero que son diferentes.

Estudiaron todos los cuerpos químicos posibles para analizar los componentes químicos del Sol y, más tarde, de las estrellas lejanas. Así nacen la astrofísica y la química cósmica. En el experimento de Fraunhofer, identifica las rayas negras del espectro solar, cuál era su origen. Cincuenta años más tarde, Bunsen y Kirchhoff observaron que, entre las rayas del espectro solar, dos de ellas correspondían a las rayas del sodio que habían identificado en el laboratorio. Así, pues, decidieron poner delante del prisma con que analizaron la luz solar una llama con sodio. Para su sorpresa, las dos rayas negras se hicieron más negras. Kirchhoff avanzó entonces a la hipótesis de que el sodio de la llama había absorbido las rayas emitidas por el sodio solar. Descubrieron que el sodio emite y absorbe las mismas rayas. De ahí se pasó a otra deducción: si esas mismas rayas de emisión de sodio existen en el espectro solar normal, entre el prisma existe sodio que absorbe esas mismas rayas. Le atribuyeron la absorción de sodio a la atmósfera terrestre.

Sería un error, porque si la absorción de las rayas procede de una atmósfera, esa es del mismo Sol. Dicho de otro modo, si el espectro solar contiene rayas negras es porque la composición química de la atmósfera solar filtra, elimina y absorbe ciertas rayas de luz emitidas por el interior del Sol. El Sol emite luz y, a su vez, su atmósfera absorbe parte de ella. Por lo tanto, las emanaciones solares hacia la tierra y el agua incluyen el sodio y el potasio que se concentran en los dos cuerpos. Para 1814 empezó una época de luz sobre las radiaciones estelares y los efectos en el ambiente que nos rodea, La tierra.

La espectroscopia

Kirchhoff anuncia la ley de las emisiones del el sol.

Como los gases de la envoltura solar son más fríos que el astro, un elemento dado de la atmósfera solar es incapaz de reemplazar por su propia radiación los rayos que ha absorbido. Así nacen las líneas oscuras en el espectro solar, lagunas que traducen la ausencia en la luz de rayos de elementos dados, y su presencia en el Sol.

Kirchhoff trazó un mapa del espectro solar, asignando a un gran número de líneas los elementos químicos que las engendran. El sueco A. J. Angström le siguió; fue el primero que describió las rayas solares en términos de longitud de onda. En el mismo año, 1868, el astrónomo inglés G. Huggins dirigió el espectroscopio hacia Sirio y aplicando el efecto Doppler midió el corrimiento de las líneas, provocado por el alejamiento del astro. Así evaluó por primera vez la velocidad radial de una estrella. Pocos meses antes, todavía en el mismo año de 1868, un eclipse total de Sol dio una evidente prueba de la certidumbre del descubrimiento de Bunsen y Kirchhoff: durante pocos segundos la fotosfera del Sol estuvo cubierta por la Luna y repentinamente aparecieron, en lugar de las líneas oscuras, las correspondientes líneas brillantes del espectro relámpago emitidas por la atmósfera solar, que gracias al eclipse, era la única que resplandecía.

Una nueva ciencia nació: la astrofísica. En las décadas que siguieron a la hazaña de Kirchhoff y Bunsen, dicha ciencia puso, en medida creciente, al alcance de la exploración fisicoquímica, no solo el Sol y las estrellas, sino que también el ojo espectroscópico penetró hasta el interior de las nebulosas, alejadas de la Tierra por varios millones de años luz. Contrariamente a lo esperado, ningún cuerpo químico desconocido en la naturaleza terrestre dibujó sus rayas sobre las placas del inglés J. Lockyer y atribuidas de primera intención a un elemento que solo existiría en el Sol, se terminó por encontrarlo (1895) como formando parte integrante de la atmósfera del globo. La mostración de la unidad material del cosmos explorable es la sublime lección, históricamente la primera, que nos fue concedida por el espectroscopio, gracias a Kirchhoff y a Bunsen.

Una vez determinado el número de calorías irradiadas en un segundo por un centímetro cuadrado de cuerpo negro, la ley de Stefan permitió calcular la temperatura del Sol, en cifras redondas, en 6000 grados centígrados, a condición de que el Sol sea un cuerpo negro que absorba toda radiación, condición que parece, según recientes experiencias, conforme a la realidad.

Siete pruebas del Origen de la vida

El sodio y el potasio Principio de la vida

La primera glándula de la creación procesa sodio y potasio para crear las proteínas según lo expuse en párrafos anteriores. Allegre dio en el clavo con sus observaciones de Bunsen y Kirchhoff. El misterio solo yo en este momento pude reconocerlo y atarlo a la teoría propuesta en mi primer libro, Por la pluma del ave y la flor seca, "Enigmas de la creación, libros en red Argentina".

El Sol emite energías que irradian hacia la Tierra partículas de sodio y potasio, los elementos básicos de la creación, junto con el fósforo, el azufre, el carbono, el oxígeno, el hidrógeno, sales y aceites de la composición de otros elementos que entran en el juego de la evolución. Son elementos que se concentraron en las aguas de los lagos y mares, y contenidos en la propia tierra.

La primera etapa de evolución del ser está basada en el interactuar de estos elementos y una energía que rebotó en los elementos sodio y potasio, y activó o encendió la chispa de la vida en el planeta Tierra. Es posible que en todo el universo operen las mismas pero la naturaleza crea y fabrican con los materiales y elementos por agregación y suplen las necesidades. Es también por esa agregación de materias que se crean las cualidades heredadas y que luego se manifiestan en la cosa creada. Es una cualidad de la creación el sumar materias a las ya existentes y generar nuevas formas y energías.

La Ovogenesis que se estudia actualmente es un fenómeno que tiene un patrón similar a esta etapa de desarrollo primitivo. Posiblemente, como sucede en otras especies, el ser humano tenía la habilidad del cambio de sexo en sus etapas originales. Es una cualidad de algunas especies que existen desde hace millones de años. El simple cambio de sexo o reversión, supresión de uno a otro, era una cualidad que se convirtió en el ser humano en las etapas de reencarnación, donde la cualidad dormida durante una etapa de vida surge en la otra y viceversa cuando se regenera el ser en un nuevo cuerpo.

Análisis

Basado en los descubrimientos y datos aportados en estos documentos surge una observación sobre descubrimientos recientes en el área de California, donde se halla una célula que evoluciona con arsénico. Lo normal sería que se desarrollara con potasio o sodio, como en la primera célula que surgió con las cualidades de sobrevivir con las materias que nos dotara a los seres humanos del origen que tememos. De las observaciones que he hecho en estos hallazgos se desprende que existen el arseniato de potasio y el arseniato de sodio, ya que se ha denunciado en las costas de México y otros países la presencia de estos compuestos. Si por alguna casualidad se ha desarrollado una célula primaria de este compuesto, sería otro ejemplo de evolución, como el tálamo en el ser humano.

Pero me preocupa que las observaciones solo apunten a un solo elemento en esta interacción y que no cumpla con la ley de división de la creación, porque debe ser un compuesto lo que dé origen a las emanaciones de vida. Comprendo una ley simple de la creación y es la de que dos condiciones deben estar presentes para que surja una tercera. En metafísica, es la ley del triángulo de manifestación, por lo tanto, los microbios, plantas y animales pueden convertir todos estos compuestos químicos de arsénico inorgánico en compuestos orgánicos comprometiendo átomos de carbono e hidrógeno. La chispa de energía una de ellas, y la de sodio y potasio, que actúo con la primera radiación de energía.

Es un elemento nuevo que aporta una prueba reciente por ser descubierta hace cerca de un año y sus efectos no han sido revelados al presente y son pruebas de que en el agua salada se puede recrear vida inteligente. Posiblemente sea un fenómeno aislado que se da a conocer ahora pero sabe dios qué tiempo esto esté sucediendo.

Lo interesante seria comprobar si un tipo de vida inteligente ha surgido en ese litoral que se relacione con este fenómeno y se pueda comprobar en un futuro las formas que alumbren el saber al respecto.

Los compuestos

Técnicas de análisis químicos de la Capacitación de Laboratorista Químico del Colegio de Bachilleres del Estado de San Luis Potosí.

Plantel 28.

Arseniato de sodio

Arseniato de potasio

En varios países de América Latina, como Argentina, Chile, México y El Salvador, por lo menos cuatro millones de personas beben en forma permanente agua con niveles de arsénico que ponen en riesgo su salud.

Las concentraciones de arsénico en el agua, sobre todo en el agua subterránea, presentan niveles que llegan en algunos casos hasta 1 mg/L. En otras regiones del mundo, como la India, China y Taiwán, el problema es aún mayor. De acuerdo con la información obtenida, en la India existen alrededor de 6 millones de personas expuestas, de las cuales más de 2 millones son niños. En los Estados Unidos, más de 350,000 personas beben agua cuyo contenido de arsénico es mayor que 0,5 mg/L, y más de 2,5 millones de personas están siendo abastecidas con agua

Conclusión: NO 1

Por lo tanto, bajo los nuevos hallazgos de la ciencia y sus grandes exponentes es posible decir que un nuevo eslabón del conocimiento humano se puede asumir como cierto.

"La creación empezó y evolucionó en el agua salada" Los escritos de la doctora Esther Rosón Gómez La genética del cerebro y sus funciones, el interactuar del sodio y el potasio como principales fuentes que le dieron la habilidad a la primera célula de producir sus proteínas y crear la primera membrana de la reacción para empezar la evolución y otras funciones que nos da a conocer. La elaboración de un complejo neuronal basada en la succión de materia del fondo de los mares y ríos a través del órgano nasal, es el primer eslabón donde surge la vida, las enzimas de la combinación de estos elementos dan origen al fosforo que se elimina en la orina salada. El carbono que es el origen de la mayoría de los elementos que aíslan la composición en la atmosfera y que emana y traspasa la capa de ozono es el compuesto primario de la mayoría de los elementos de la tabla periódica.

El que solo existieran como elementos y estar presentes por millones de años de existencia sin ningún propósito definido como la mayoría de los elementos acumulados en el espacio exterior y en el planeta Tierra. El que de momento surja una nueva acción física de estos elementos pudo estar afectado y penetrado por un fenómeno ajeno que antes no estuvo presente y que activó la energía que dio inicio a esa nueva manifestación.

De alguna región desconocida emanó una sutil composición energética que alteró el movimiento de los electrones de la materia primaria para empezar a crear.

2. Claude Allegre, en Un poco de ciencia para todo el mundo, nos alerta sobre los descubrimientos de Bunsen y Kirchhoff sobre la química astrofísica y sus adelantos de las refracciones de la luz solar, donde nos confirman que el sodio y el potasio son producto de las radiaciones solares y que nuestro planeta está penetrado por estos y otros elementos que emanan de todo el cosmos, que saturan la Tierra y nuestros mares desde la era primaria. Y, por añadidura, todos los científicos promueven teorías de nuestro sistema de energías internas, desde Newton a Albert Einstein.

3. Los estudios del Colegio del Instituto de Química en San Luis Potosí de México sobre los compuestos de arsénico, especialmente los elementos derivados de arseniato de potasio y arseniato de sodio, que se compaginan con los hallazgos de la doctora Esther Rosón Gómez, que pueden ser una fuente para la investigación futura de la ciencia.

4. El nuevo hallazgo de la NASA sobre una célula que usa arsénico en vez de fósforo para reproducirse. Quizá solo dieron con un eslabón; deben existir muchos fuera del conocimiento humano que aún no se han catalogado. Es como buscar una orquídea en el pantano.

Descubrimiento de la NASA - 2008

Una extraña bacteria puede sobrevivir sin uno de los bloques básicos fundamentales de la biología.

Una bacteria encontrada en las aguas repletas de arsénico en un lago en California se espera que dé un vuelco a la comprensión científica de la bioquímica de los organismos vivos. Los microbios parecen ser capaces de reemplazar el fósforo por el arsénico en algunos de sus procesos celulares básicos, lo que sugiere la posibilidad de una bioquímica muy diferente a la que hasta ahora conocemos, la cual podría ser usada por organismos en pasados y presentes entornos extremos de la Tierra, o incluso de otros planetas.

Los científicos han considerado desde hace tiempo que todos los seres vivos necesitan del fósforo para funcionar, junto con otros elementos, como hidrógeno, oxígeno, carbono, nitrógeno y azufre. El Ion fosfato, PO43-, desempeña varios papeles esenciales en las células: mantiene la estructura del ADN y el ARN, se combina con lípidos para crear membranas celulares y transporta energía dentro de la célula a través de la molécula adenosín-trifosfato (ATP).

Pero Felisa Wolfe-Simon, geomicrobióloga y becaria de investigación de astrobiología de la NASA, con sede en el USA Geological Survey, en Menlo Park, California, y sus colegas informan online hoy en la revista "Science" de que un miembro de la familia de protobacterias puede usar el arsénico en lugar del fósforo. El hallazgo implica que "potencialmente se puede omitir el fósforo de la lista de elementos requeridos para la vida", dice David Valentine, geomicrobiólogo de la Universidad de California, en Santa Bárbara. Este bloque nos da la sensación de que la creación y Dios siguen presentes en el universo y el planeta tierra es un paraíso de la creación.

Muchos escritores de ciencia ficción han propuesto formas de vida que usan bloques básicos alternativos, a menudo el silicio en lugar del carbono, pero este es el primer caso de un organismo real. El arsénico se coloca justo debajo del fósforo en la tabla periódica, y los dos elementos pueden desempeñar un papel similar en las reacciones químicas. Por ejemplo, el ion arseniato, As -O 43- tiene la misma estructura tetraédrica y lugares de enlace que el fosfato. Es tan similar que puede entrar en las células suplantando el mecanismo de transporte del fosfato.

5--Los estudios de la Dra. Kristein M. Neiling sobre las influencias de las energías electromagnéticas de los planetas sobre el comportamiento humano, y su conclusión que este era algo de los que los antiguos tenían control. Sus efectos beneficios de conocer estos datos cientificos y aplicarlos personalmente.

La persona siendo administradora de las funciones del cuerpo astral y físico debe ponerse en alerta de cómo entender su funcionamiento y actualizarlo para beneficio de las generaciones presentes.

Sería una función de las agencias de salud para orientar y concientizar a la población de cómo manejar estos datos que afectan directamente al ciudadano individual, de la forma de actuar para armonizar su salud con los datos correctos. Las actitudes de las masas en diferentes países están abocadas a sufrir de influencias posiblemente catastróficas por estos desbalances en las leyes físicas. Se toma como referencia la desorientación y la violencia actual a esas variaciones.

El propósito de exponer más elementos que reúnen información propicia para respaldar esta teoría sugiere que mucha información relevante ya existe y que nunca se ha relacionado con este fenómeno de la evolución primaria. Si tomamos la glándula tálamo como la seres humanos, debemos dirigir nuestra atención que ahí es que se encuéntrala energía necesaria para orientarla a los campos electromagnéticos y lograr un balance glandular y hormonal en nuestro cuerpo.

6- El origen del ser en el agua salada

Dr. Linus Pauling Junto a Rene Quinton, que antes que ellos presento unas conclusiones sobre el mismo tema en el año 1904.

Linus Pauling:

Postulo que el ser humano posee en el plasma y en su cuerpo 118 elementos de la tabla periódica, que están presentes en el agua de los cuerpos salados como los mares y lagos. También anuncio que la célula de la vida se origina en el Precámbrico hace 3,800 millones de años en el agua salada. Otro hallazgo es que el plasma humano es similar al agua de mar, en sus componentes.

Nota- Con la variación de que el ser humano ahora consume agua salada y debe tener una pequeña variación en composición aunque consuma sal procesada.

7- Lauren Sallan y Matt Friedman, de las universidades de Chicago y Oxford respectivamente, analizaron el registro fósil en dos momentos distintos de la historia biológica. En concreto analizaron más de 1000 especies documentadas de peces del registro fósil que aparecieron después de dos grandes extinciones.

Estas explosiones de biodiversidad se han dado de vez en cuando y en ellas grupos de especies experimentaron radiaciones en las que se ensayaron gran diversidad de tamaños y formas. Ahora se han analizado en detalle dos de esas radiaciones adaptativas que quedaron reflejadas en el registro fósil. Según las conclusiones del estudio, lo que primero sufrió el cambio fue la cabeza y luego vino todo lo demás.

Posteriormente a una gran extinción queda poca diversidad biológica, pero al cabo de un tiempo se produce una radiación en diversidad gracias a que la mayoría de los nichos ecológicos están vacíos.

Estos investigadores encontraron que en estos dos casos primero se diversificaron las cabezas, produciéndose distintas formas y tamaños, antes de que lo hiciera el cuerpo. Este resultado contradice modelos previos de radiación adaptativa y sugiere que la presión adaptativa sobre los hábitos alimenticios es el motor inicial de la diversificación.

Son 7 pruebas y datos adicionales que ejercen un juicio poderoso sobre las declaraciones expuestas en este libro.

Otro tema a observar es las recientes pruebas de la arqueología a nivel mundial que respaldan esta teoría.

De La oscuridad a la luz

Nuestro interior

21 de noviembre de 2010

Se define como la ausencia de luz.

Para la mente activa que valora las consecuencias de lo que pude palpar materialmente y negar o no atribuir una función activa a muchos de los fenómenos para los que no se tiene una definición completa, que cree en nuestro entendimiento una imagen de movimiento a la que le dediquemos esfuerzos para buscar sus cualidades reales de existencia. Llevo tiempo meditando en las cualidades o no cualidades de la oscuridad. Aunque no sea algo tangible, es un vacío de cualidades que otras causas activas tienen que desplazar para existir. Allí donde la luz no penetra se dan condiciones que son apropiadas para reacciones que no serían activadas si no fuera por la ausencia de luz. Aunque esto sea una aseveración fallida, me llama la atención que aunque no sea una ley enunciada y estudiada es una cualidad que motiva reacciones diversas. En la oscuridad absoluta, quizás en las profundidades de las cuevas donde la luz no penetra se crean condiciones de vida y creación de especies, plantas que se desarrollan con la mínima cantidad de energía.

Esto demuestra que donde la luz no penetra totalmente se dan unas reacciones que solo son posibles cuando la oscuridad está presente.

Incluso la capacidad de visión y la creación de órganos en las especies que se desarrollan se adaptan a la oscuridad; o sea que, ante la ausencia de luz, la materia adquiere otras características inesperadas que nos ponen a pensar en otros fenómenos de la propia creación.

Una reducción de energía de luz o rebotes de estas produce fenómenos que no podrían darse a menos que algún grado de oscuridad le dificulte la penetración completa y constante sobre muchas reacciones que se dan en la propia materia. Una semilla expuesta al sol constantemente no reacciona de la misma forma cuando está debajo de la tierra y solo la oscuridad le permite que sea alcanzada por la cantidad de luz que da la combinación correcta para que surja la vida en esa planta. Claro está que otras condiciones se combinan en estas reacciones. La oscuridad es una condición que hace que su contraparte, la luz, se manifieste. En nuestras reacciones físicas, la oscuridad tiene un factor de protección que nos alerta y nos hace reaccionar para evitar contratiempos y esquivar objetos.

El simple movimiento de una sombra hace que reaccionemos a los peligros, pues detectamos sensorialmente el evento que sigue y se activan en nuestro sistema de protección las alertas necesarias para reaccionar adecuadamente. Sin estos fenómenos de sombras creados por la oscuridad no se hubieran desarrollado en nuestro sistema físico estas complejas reacciones.

Se ha descubierto en nuestro sistema endocrino y cerebro áreas de neuronas que responden a lo que se da por llamar miedo o la capacidad de reaccionar adecuadamente a situaciones de peligro. Esta es una condición que forma parte de nuestro sistema de supervivencia natural, que se desarrolló en nuestro sistema para la supervivencia desde el principio de la creación. En caso de situaciones de oscuridad, nuestra forma de reaccionar cambia por completo; se activan áreas de nuestro sistema que no son comunes ante la luz. Esto demuestra que la oscuridad es un factor importante en todo lo que nos rodea y todo lo que se ha creado desde el principio de nuestra existencia. Podríamos imaginar en qué condiciones el ser humano y todas las criaturas creadas se hubieran manifestado y su evolución hubiese sido otra muy diferente.

El cerebro, que es un hervidero de reacciones químicas y físicas, donde la corriente que se maneja es de tal potencial que el solo hecho de cualquier perturbación a esas funciones crea lo que catalogamos de epilepsia. Este es el caso donde grandes cantidades de energías se liberan fuera de su habitual canal conductivo y las reacciones son diversas. Es una descarga que entra a otras áreas adonde no estaba destinada y hace que nuestro sistema nervioso central entre en un cruce de señales y descargas que se desvían a otras tróncales nerviosas que provoca en muchos casos que las reacciones sean convulsiones del sistema muscular.

Por el solo hecho de recibir estas descargas los músculos se contraen, de acuerdo con la capacidad de energías que los invaden. Bajo estas condiciones sucede la mar de experiencias de todos los tipos, tales como alucinaciones y estados de euforia donde se viven y sienten emociones diversas que llevan a veces a los seres que los padecen entrar en un estado mental de haber recibido órdenes o mandatos de hacer cosas que antes no percibían. Cantidades de historias se han escrito de este fenómeno. Durante la evolución se han rescatado historias de personajes que se han distinguido en sus actuaciones por ser epilépticos y por lo general los casos conocidos apuntan a reacciones religiosas.

La forma del cerebro de descansar y retomar el control de las facultades internas, bloquear nuestra parte consciente y penetrar el subconsciente para entrar en un proceso de regeneración más abarcador. Debe hacerlo en un clima tranquilo, libre de ruidos, y que todos sus procesos sean en armonía. Es precisamente donde la oscuridad debe jugar un papel importante. Es un período donde las reacciones a la luz son las mínimas y esto hace que los procesos internos sean lo apropiado ante la ausencia de la mayor cantidad de luz natural. Si procesamos elementos que nos invaden de las emanaciones cósmicas, sería lógico pensar que el cuerpo y sus componentes han sido capacitados para recibir y procesar ciertas tasas de dichas emanaciones. Si surgen perturbaciones que disminuyen o aumentan esas radiaciones, el cuerpo debe regular su sistema receptivo para compensar esas variaciones para proteger sus estados de procesos internos.

Egipcios Concepto de su divinidad

Un ejemplo de manifestación de las mentes de civilizaciones anteriores

Al analizar la forma y la madurez de los egipcios en cierta epoca de conceptuar a su Dios no está lejos de un concepto universal de las mismas leyes que hacen que se manifiesten en el los atributos que se le otorgan a los seres creados.

Los egipcios dominaban el conocimiento y los razonamientos correctos al declarar al sol como un dador de vida, no como un Dios. La principal fuente o principio de vida, superando las deidades de otras religiones, como ídolos o dioses humanos de la epoca. En esta imagen se ve la representación en símbolos de las emanaciones de Dios hasta el ser humano, en este caso el faraón y su esposa. Al hablar de Dios es la forma de definir a nivel mundial desde que surgió la vida y el ser se dio cuenta de las facultades creativas superiores a las cuales no tenían una realidad mental, a los fenómeno que no podía explicar, surgió la idea de un ser superior o Dios que le daba realidad a todo. Ese es el concepto universal de todos los tiempos.

La teogonía egipcia el símbolo de este Dios fue la serpiente, el emblema del espíritu vivificador de la creación y al final de los tiempos se convertirá en serpiente protectora para que el sol este siempre presente y no termine la creación. En la cultura egipcia existió un legado cósmico de la naturaleza de la divinidad, el culto al sol estaba orientado hacia una adoración al verdadero Dios, contrario a las opiniones malformadas para desviar la atención de una verdadera interpretación del concepto egipcio de Dios, idéntico al concepto universal de un solo Dios, adoptado por las emergentes religiones.

El que tenga dudas de esto se estremecerá ante las pruebas dejadas por ellos de su conocimiento, grabadas en las tumbas y el simbolismo encontrado en ellas. Han sobrevivido porque fueron dejadas cultas en las tumbas secretas, en las cuales se encuentran más misterios que faltan por develar.

Las emanaciones directas de la espectroscopia la refracción del sol, eran reconocidas como un principio de elementos de la vida que emana de Dios. Un soplo de vida en la nariz y otro entrando por la boca abierta, símbolo de la entrada de la primera respiración al cuerpo representando la esencia del alma que emana de la creación, despertando la conciencia de vida al nuevo ser una iluminación interior de su realidad. En la frente se muestra el ojo de Horus donde se manifiesta el Tálamo, y la pineal, lugar del contacto con la energía cósmica, que para nosotros es el poder del Dios creador que penetra cada rincón de nuestro ser. Como reciprocidad al Dios eterno, ellos brindan la esencia o perfume de la flor de loto en agradecimiento a las bondades de conciencia de vida concedidas, en ocasiones brindaban bebidas misteriosas. Esa sublime representación se aprecia en la forma en que fueron grabados los símbolos de las encarnaciones divinas. En los grabados de las cámaras o sepulcros de sus faraones, se han descubierto los secretos que sobrevivieron a las guerras y destrucción de la epoca de griegos y romanos y luego a los ataques de las hordas fanáticas, deseosas de desaparecer todo vestigio de la civilización egipcia, el propósito, esconder la verdad. El concepto del eterno es un tema que se extiende a la cultura Hebrea aramea, judía, la misma que estuvo compartiendo el territorio egipcio en un periodo de su primera existencia. La civilización egipcia en un periodo tardío logro documentar, superar y madurar la mayoría de los misterios sagrados en las tumbas donde en esta epoca han ido emergiendo para demostrar a la civilización sus conocimientos adelantados. Las teorías que hoy se dilucidan sobre la espectroscopia y las energías cósmicas ya era parte de su conocimiento. Por deducción debemos atar ese conocimiento a la Mística Cuántica. La idea global de la sabiduría egipcia está contenida en su pictografía. Esta se está documentando en la actualidad con el enfoque correcto y científico para que supere su estado relacionado con la historia espiritual de su tiempo. Las primeras etapas de los faraones donde los sacerdotes mantenían un control de la teogonía, su rol no progreso, Akenatón, desmitifico esa etapa y creo una verdadera transformación de la religión egipcia, declarando un solo dios universal y eterno. De ese principio se nutrieron y emergieron otras religiones.

Pruebas Arqueológicas del origen humano que abarcan el planeta

La arqueología a nivel mundial sobre los recientes hallazgos de fósiles fuera de África, los descubrimientos que desmitifican las teorías del origen del ser humano. Los ejemplos recopilados tienen el único objetivo de que en diferentes épocas y continentes, la vida surgió no necesariamente atada por un mismo descimiente. Los seres que se originaron en cualquier parte de la tierra en los cuerpos de agua salada tuvieron la puerta abierta de los cuerpos de agua para desplazarse a cualquier parte del planeta. La biodiversidad los empujaba a desplazarse por los cuerpos de agua. También los fenómenos atmosféricos ejercieron la función de desplazar a otros lados a las criaturas de las diferentes especies incluyendo al ser humano. Una base común es la formación de los esqueletos, todos tienen la misma conformación de los mismos elementos, Sodio y Potasio, calcio, fósforo, etc. Los mismos están formados de la misma manera con los mismos habitáculos corporales, lo que prueba se originaron en el agua salada siguiendo los mismos patrones de la creación.

Uruguay

Encuentran en Uruguay restos fósiles más antiguos que los de los dinosaurios.

Otro eslabón que ata el origen de los diferentes reinos a regiones distantes unos de otros, esto no significa que sean parientes directos o si lo fueron emigraron de alguna manera a otras regiones en busca de alimento. Una razón lógica de su desaparición pudo haber sido el calentamiento global donde los huevos expuestos al calor se cocinaban y no pudieron sobrevivir como especie, lo mismo que un meteoro que causara los mismos efectos. Lo difícil que esto sucediera seria un fenómeno que arroparía la tierra de la forma en que desaparecieron. Contrario a las tortugas estas enterraban los huevos y pudieron sobrevivir.

Pangea- Desprendimiento de los continentes

Los arqueólogos uruguayos han encontrado restos fósiles de hace casi 130 millones de años en los yacimientos fosilíferos del país sudamericano.

Esta datación los otorgaría mayor antigüedad que la de los restos de los dinosaurios que poblaron el planeta hace millones de años. Esto es decir que pertenecen a la Gondwana, el bloque continental sur que surgió tras la primera separación de la Pangea.

La segunda fase importante en el desmembramiento de Pangea comenzó en el Cretácico Temprano (150-140 Ma), cuando el menor supe continente de Gondwana se separó en varios continentes (África, América del Sur, India, Antártida y Australia). Alrededor de 200 Ma, el continente de Cimmeria, como se ha mencionado anteriormente (véase " La formación de Pangea "), colisionó con Eurasia. Sin embargo, una zona de subducción se estaba formando, tan pronto como Cimmeria colisionó. [22] Pangea.

Encuentran en Uruguay restos fósiles más antiguos que los de los dinosaurios

Los arqueólogos uruguayos han encontrado restos fósiles de hace casi 130 millones de años en los yacimientos fosilíferos del país sudamericano. Esta datación los otorgaría mayor antigüedad que la de los restos de los dinosaurios que poblaron el planeta hace millones de años. Esto es decir que pertenecen a la Gondwana, el bloque continental sur que surgió tras la primera separación de la Pangea.

El último hallazgo es una especie que consta de dos ramas mandibulares articuladas, en las que cada una posee el nervio trigémino y los vasos capilares. Piñeiro explica: "No hemos encontrado una sola referencia que haya registrado previamente una preservación de similar peculiaridad y espectacularidad".

Esta característica es lo que hace que el descubrimiento sea tan particular. Ningún registro fósil dispone de restos parecidos. Para la paleontóloga, el nuevo hallazgo supone poder ir más allá. Con los nuevos descubrimientos, los expertos podrán "ir un paso más allá" y conocer animales que vivieron hace casi 300 millones de años en un ambiente hostil: "Lo que nosotros descubrimos nos permite saber aspectos del comportamiento que son poco fosilizables. Es decir, cómo comían, cómo se reproducían, cómo se adaptaban tan bien a un ambiente que no es muy favorable a la vida, como lo es un lago muy salado y con poco oxígeno".

El lugar en el que se han encontrado los restos fósiles se conoce como "Konservat Lagerstätte". Son yacimientos de fósiles donde, bajo unas condiciones muy específicas, se conservan estructuras que normalmente no lo harían en otros lugares. Los fósiles encontrados por el equipo de investigación estaban en un conjunto de rocas de hace más de 280 millones de años llamado "Mangrullo". Este abarcaría las zonas de Tacuarembó, Cerro Largo y Rivera, aunque las rocas se extienden hasta Brasil. Piñeiro comenta: "Nosotros no hacemos excavaciones, trabajamos sobre las rocas de Mangrullo en la superficie. Esas rocas continúan en Brasil y por ello trabajamos en conjunto con geólogos y paleontólogos de ese país" desplazarse hacia el norte. En el Cretácico Inferior, Atlántica, América del Sur y África de hoy, finalmente separado del este de Gondwana (Antártida, India y Australia), haciendo que la apertura de un "sur del Océano Índico". En el Cretácico Medio, Gondwana se fragmentó para abrir el Océano Atlántico Sur, América del Sur comenzó a moverse hacia el oeste, lejos de África. El Atlántico Sur no se desarrolló de manera uniforme; más bien, rifted de sur a norte.

Además, al mismo tiempo, Madagascar y la India comenzaron a separarse de la Antártida y se trasladó hacia el norte, abriendo el Océano Índico. Madagascar y la India se separaron el uno del otro 100-90 Ma en el Cretácico Tardío. India continuó moviéndose hacia el norte, hacia Eurasia a 15 centímetros (6 pulgadas) por año (un récord de tectónica de placas), cerrando el mar de Tetis, mientras que Madagascar se detuvo y se volvió bloqueada a la placa africana. Nueva Zelanda, Nueva Caledonia y el resto de Zealandia comenzó a separarse de Australia, moviéndose hacia el este hacia el Pacífico y la apertura del Mar de Coral y el Mar de Tasmania.

Tras el reciente hallazgo, el yacimiento de Uruguay es el más antiguo de América del Sur y el segundo más grande del mundo. La reconstrucción del lugar en el que vivieron los animales hace 280 millones de años está financiado por la Agencia Nacional de Investigación e Innovación (ANII) de Uruguay y los resultados serán publicados en diversas revistas científicas de todo el mundo.

Esta describió nos da una clara noción de los fenómenos que ha sufrido el planeta tierra.

Hallazgo de ARDI de 4.4 Millones de Años lo que hoy es Etiopia derriba la teoría de Darwin

Este hallazgo pone fin a la teoría de Darwin y a la idea de que el hombre desciende del mono. De hecho, los restos de Ardi ofrecen una ventana a lo que el último ancestro común de humanos y simios que viven actualmente podría haber sido.

En diferentes territorios se dan hechos que abundan en información que abre una nueva ruta a la ciencia del futuro para esclarecer tabúes.

En el presente continúan los hallazgos en la zona y se han descubierto muchos fósiles más, tanto contemporáneos a Ardi y Lucy como también más antiguos, como es el caso de “Chad” cuyos restos datan de aproximadamente 6.000.000 de años.

Un equipo internacional de científicos presentó el que dicen es el fósil más antiguo y mejor conservado de un ancestro directo de la especie humana.

ARDI el humano más antiguo

Ardi, nombre de catálogo ARA-VP-6/500, es el sobrenombre dado al esqueleto de una hembra perteneciente a la especie Ardipithecus ramidus, probablemente un hominino (primate bípedo), que está considerado el más primitivo hominino conocido hasta la fecha y que vivió durante el Plioceno, hace unos 4,4 millones de años.

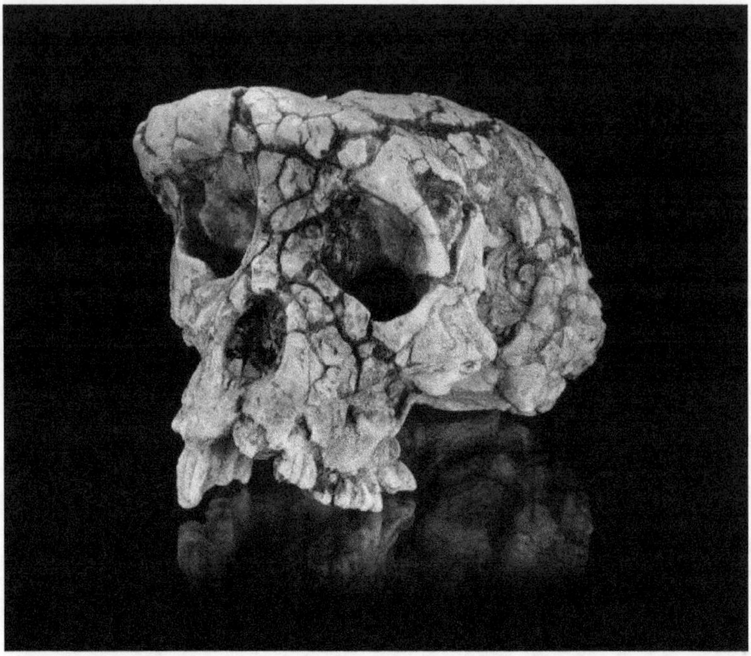

Un equipo internacional de científicos presentó el que dicen es el fósil más antiguo y mejor conservado de un ancestro directo de la especie humana. Se trata de una hembra de la especia Ardipithecus ramidus, que vivió hace 4,4 millones de años en lo que hoy es Etiopía

Tal como señalan los investigadores en la revista Science, aunque no se tratara de nuestro antepasado directo, el hallazgo ofrece información muy valiosa sobre una fase crucial en la evolución humana: el momento en el que nos separamos de la rama común que compartimos con los monos. El descubrimiento, dicen los investigadores, muestra como nunca antes la biología de esa primera etapa de la evolución humana.

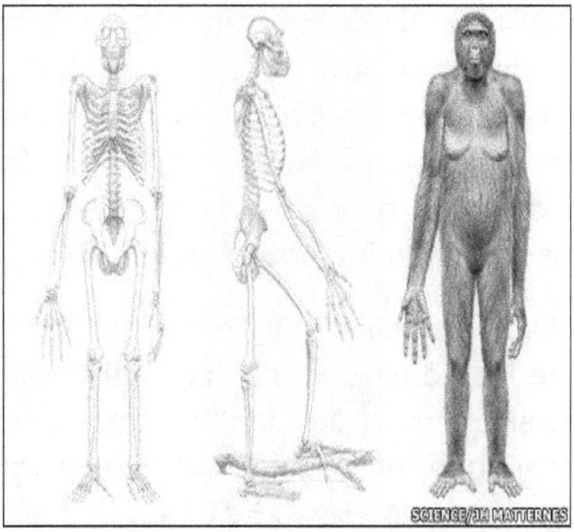

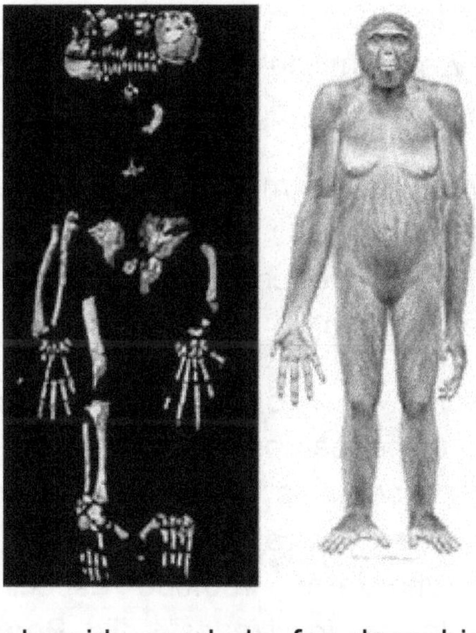

Ardi, como ha sido apodada, fue descubierta en 1992 en la región de Afar, en Etiopía, pero tomó 17 años llevar a cabo los análisis del hallazgo.

Hasta ahora, la etapa más antigua conocida de la evolución humana era la de Australopitecos, el bípedo de cerebro pequeño. Es más vieja que el famoso de los australopitecos de Lucy, un fósil de 3,2 millones de años descubierto en 1974 a unos 70 kilómetros de donde fue encontrada Ardi.

Cuando Lucy fue hallada la comunidad internacional pensó que los homínidos más antiguos tendrían una anatomía similar a la de los chimpancés, pero Ardi, que es casi un millón de años más antigua que Lucy, no apoya esa teoría. ¿Es bien parecida? La encontraron en Etiopía, es una hembra de la especie de los homínidos. El fósil (Ardipithecus ramidus) encabeza la lista de los adelantos científicos más importantes y es 1 millón de años más antiguo de lo último hallado sobre el origen del hombre.

'Ardi' tiene más de un millón de años de edad que Lucy (Australopithecus afarensis), un esqueleto parcial de lo que se consideraba hasta ahora el homínido más antiguo.

La investigación de Ardipithecus ha cambiado "la forma en que pensamos acerca de la evolución humana y representa la culminación de una ardua colaboración investigativa de 47 científicos de nueve países que analizaron 150.000 especimenes de animales y plantas fosilizados", dijo Bruce Alberts, jefe de redacción de Science en un editorial.

Tras analizar el cráneo, los dientes, la pelvis, las manos, los pies y otros huesos del fósil, los científicos determinaron que "Ardi" tenía una mezcla de características "primitivas" que compartía con los simios del Mioceno que le precedían y otras características "derivadas" que comparte exclusivamente con homínidos. El descubrimiento de los fósiles hecho en 1994 reveló la biología de las primeras etapas de la evolución humana mejor que cualquier otro hasta la fecha, aseguró el geólogo estadounidense Giday Wolde Gabriel, que encabezó el análisis de lavas y cenizas que sirvieron para determinar la antigüedad de sus restos. El conjunto de los huesos fosilizados de "Ardi" reveló que fue una mujer que pesaba unos 50 kilogramos y tenía una estatura de 1,20 metros. "Con un esqueleto tan completo y con tantos individuos de la misma especie en el mismo horizonte del tiempo, podemos comprender la biología de este homínido", indicó Gen Suwa, paleo-antropólogo de la Universidad de Tokio y autor de un informe publicado por Science en octubre de este año.

Ardi

Especie: Ardipithecus ramidus

Sexo: hembra.

Peso: 50 kilogramos.

Altura: 120 centímetros.

Restos conservados: manos, pies, piernas, tobillos, pelvis y la mayor parte del cráneo.

El fósil tiene un cerebro pequeño de 300 cm3, perteneció a una hembra y fue apodado como "Ardi". La datación radiométrica de las capas de lava volcánica revelan que Ardi vivió hace 4.4 millones de años. El fósil revela que el ancestro del linaje humano sufrió un estadio de evolución pobremente conocido un millón de años antes de Lucy (Australopithecus afarensis), la icónica hembra fósil que vivió hace 3,2 millones de años, y que fue descubierta en 1974, a tan solo 74 kilómetros del sitio donde Ardi fue hallada. Los investigadores argumentan que la forma de la pelvis, los miembros sugieren que era bípeda cuando caminaba en el suelo, pero era cuadrúpeda cuando se movía entre las ramas de los árboles.

Ardi estaba parcialmente especializada en la postura erguida, con la cintura pélvica un tanto "acuencada" para soportar los intestinos en una postura vertical y con los huesos de los pies ligeramente rígidos para facilitar el desplazamiento bípedo. Al tiempo que ella tenía brazos largos y dedos curvados para agarrarse a las ramas de los árboles, también tenía en el pie el dedo gordo, o hállux, divergente de los otros dedos, como en los grandes simios, lo que le permitía agarrarse con el pie, también a los árboles.

18 DE MARZO 2015 - 14:05 APRILHOLLOWAY

Gigante esqueleto humano desenterrado en Varna,

Bulgaria

Arqueólogos en Bulgaria han descubierto los restos de lo que han descrito como un "enorme esqueleto" en el centro de Varna, una ciudad a orillas del Mar Negro, cuya rica cultura y civilizaciones se extiende por unos 7.000 años.

Agencia de Noticias de Sofía, Novinite, informa que el esqueleto fue encontrado en lo que fue la antigua ciudad de Odessos, un puesto comercial establecida por los griegos hacia el final del siglo séptimo antes de Cristo. Odessos era una comunidad mixta formada por griegos jónicos y las tribus tracias (getas, Krobyzoi, Terizi). Más tarde fue controlado por los tracios, macedonios, y luego los romanos. La ciudad romana, Odessus, cubierto 47 hectáreas en la actual central de Varna y tenía baños públicos prominentes, Thermae, erigido a finales del segundo siglo de nuestra era, ahora el mayor restos romanos en Bulgaria.

Read more: http://www.ancient-origins.net/news-history-archaeology/giant-human-skeleton-unearthed-varna-bulgaria-002787#ixzz3W6WvVVmb

Follow us: @ancientorigins on Twitter ancientoriginsweb on Facebook

4- No es la primera vez que un esqueleto de gran tamaño se ha encontrado en Europa del Este. En 2013, el esqueleto de un guerrero gigante que datan de 1600 ac se encontró en Santa Mare, Rumania. Apodado 'Goliat', el guerrero mide más de 2 metros de altura, muy inusual para la época y el lugar, cuando la gente era de pequeña estatura (aproximadamente 1,5 metros de media).

Humano lago Delavan en Wisconsin.

El guerrero fue enterrado con una impresionante daga que indicaba su alta estatura.

LOS ESQUELETOS DESAPARECIDOS DE LA ANTIGUA RAZA DE GIGANTES QUE GOBERNARON AMÉRICA

CATEGORÍA: CIVILIZACIONES

12/25/2013

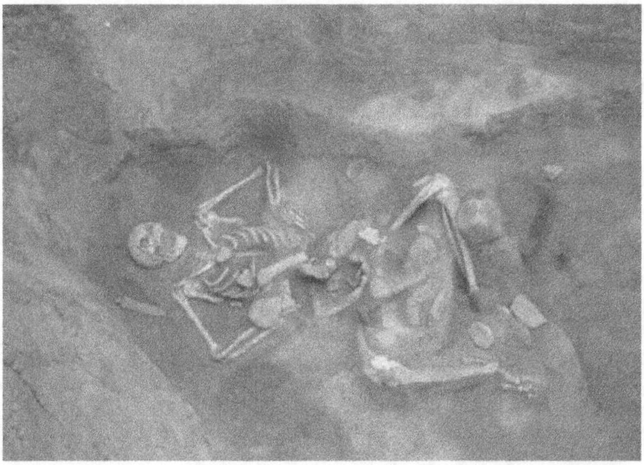

Read more: http://www.ancient-origins.net/news-history-archaeology/giant-human-skeleton-unearthed-varna-bulgaria-002787#ixzz3W6XDBE9E

Follow us: @ancientorigins on Twitter | ancientoriginsweb on Facebook

Existen descubrimientos que, por motivos no del todo claras, se almacenan en el olvido del conocimiento humano. Estos hallazgos pueden arrojar luz sobre el pasado lejano de la humanidad, sin embargo, están envueltas en niebla y con muchas líneas de tiempo contradictorias.

En mayo de 1912 un equipo de arqueólogos del Beloit Collage en los EE.UU., en una excavación realizada en el lago Delavan en Wisconsin, trajo a la vida a más de doscientos montículos efigies que fueron considerados - como un ejemplo clásico de la cultura Woodland, una cultura que se cree prehistórico americano que se remonta al primer milenio antes de Cristo.

Conclusión

No existe la apreciación exacta de la creación, ni la ciencia ni la teología son ramas de confianza para la comprensión de la vida, siempre han jugado a los dados con el universo, los seres humanos son las marionetas de los controladores, el ser debe ser el actor principal en este escenario de la creación, tomar control de sus facultades y establecer su propio mundo personal. No dejar que otros jueguen a los dados con su vida, tenemos esa libertad a escoger, un regalo divino directa al hombre.

El hombre encuentra a Dios detrás de cada puerta que la ciencia logra abrir. Albert Einstein (1879-1955) Científico alemán nacionalizado estadounidense.)

Reseña

Nuevo descubrimiento

Las Estrellas se pueden estar formando en la sombra del Monstruo de la Vía Láctea o Agujero Negro

Por Shannon Hall, Redactora / 08 de abril 2015 09:30 am ETA pesar del ambiente hostil creado por el monstruo agujero negro que está al acecho en el centro de la Vía Láctea, las nuevas observaciones muestran que las estrellas - y, potencialmente, planetas - se forman sólo dos años-luz de distancia de la gigante colosal. Estrellas brillantes y masivas fueron vistas dando vueltas el gigante de 4 millones de masas solares, hace más de una década, lo que desató un debate dentro de la comunidad astronómica. ¿Emigran hacia el interior después se formaron? ¿O es que de alguna manera se las arreglan para formar en sus posiciones originales? La mayoría de los astrónomos habían dicho la última idea parecía descabellada, dado que el agujero negro causa estragos en su entorno, a menudo se extiende cualquier gas cercano en chicloso como serpentinas antes de que tenga la oportunidad de colapsar en estrellas. Pero los nuevos datos del estudio observaciones de estrellas de baja masa formando al alcance del centro galáctico. Los resultados apoyan el argumento de que "adultos" estrellas observadas en esta región formada cerca del agujero negro. [Imágenes: Vía Formas de Agujero Negro Tritura Nube Espacio] La nueva evidencia de la formación permanente estrellas cerca del agujero negro es "un clavo en el ataúd" de la teoría de que las estrellas se forman in situ, (En el mismo sitio), dijo el autor principal Farhad Yusef-Zadeh, de Universidad Northwestern. Las observaciones, si precisa, hacen improbable que las estrellas emigraron de otros lugares, dijeron los investigadores.

Nacimiento cerca de un agujero negro

Las estrellas nacen en nubes de polvo y gas. Turbulencia dentro de estas nubes dan lugar a nudos que comienzan a colapsar bajo su propio peso. Los nudos crecen más calientes y más densos, convirtiéndose rápidamente Proto estrellas, que se llama así debido a que aún no han comenzado la fusión de hidrógeno en helio. Pero una Proto estrella rara vez se puede ver. Todavía tiene que generar energía a través de la fusión nuclear, y ninguna luz tenue que sí produce es a menudo bloqueada por el disco de gas y polvo los rodea.

Así que, cuando Yusef-Zadeh y sus colegas utilizaron el Very Large Array en Nuevo México para escanear el cielo cerca del agujero negro súper masivo en el centro, que no manchan las Proto estrellas sino más bien los discos de gas y polvo que las rodean. "Se podía ver estas hermosas estructuras con forma de cometa", Yusef-Zadeh dijo a Space.com. Luz de las estrellas intensa y los vientos estelares de descubiertos previamente estrellas de gran masa había forma de estos discos en estructuras vienen con cabezas y colas brillantes. Estructuras similares (llamados arcos de choque) se pueden ver en cualquier parte jóvenes estrellas están naciendo, incluyendo la famosa Nebulosa de Orión.

Juguemos a los dados con el universo

Space ISBN-13: 978-1511638647 (Create Space-Assigned) ISBN-10: 1511638648

Gaspar Pagan Chevere F R C El Origen de la vida

ISBN-13: 978-0692318102 (Custom)

ISBN-10: 0692318100

BISAC: Science / Life Sciences / General

www.ingramcontent.com/pod-product-compliance
Lightning Source LLC
Chambersburg PA
CBHW070807180526
45168CB00002B/521
9781511638647